我有狗了

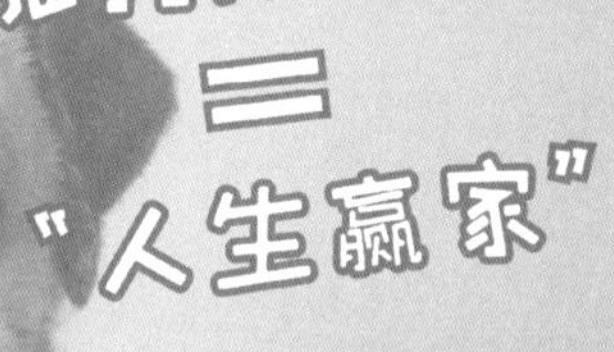

安安宠医 编

上海文化出版社

图书在版编目（CIP）数据

我有狗了 / 安安宠医编. -- 上海 : 上海文化出版社, 2018.8

ISBN 978-7-5535-1342-3

Ⅰ. ①我… Ⅱ. ①安… Ⅲ. ①犬 – 驯养 Ⅳ. ①S829.2

中国版本图书馆CIP数据核字(2018)第163098号

出 版 人：姜逸青
责任编辑：张　琦
装帧设计：王　伟

书　　名：我有狗了
作　　者：安安宠医
出　　版：上海世纪出版集团　上海文化出版社
地　　址：上海市绍兴路7号　200020
发　　行：上海文艺出版社发行中心
　　　　　上海绍兴路50号　200020　www.ewen.co
印　　刷：浙江海虹彩色印务有限公司
开　　本：710×1000　1/16
印　　张：8.25
印　　次：2018年9月第一版　2018年9月第一次印刷
国际书号：ISBN 978-7-5535-1342-3/S.010
定　　价：48.00元
告 读 者：如发现本书有质量问题请与印刷厂质量科联系 T：0571-85099218

序

首先感谢你打开这本稚嫩的小书，这本书并不是能够包罗万象解你千愁的葵花宝典，而是来自于跟你一样喜欢小猫小狗，愿意为了让它们过得更开心一点而努力的人们。

“猫狗双全”=“人生赢家”，国际新标准嘛。

幸福快乐的生活就此开始了？至少在别人看来是的。

但初养狗的你可能正经历着这些苦难：

刚美滋滋地在各种平台炫耀“我也是有狗的人”，回头就闻到地毯上传来一阵屎臭……

当你抱着狗肯定比猫听话的想法，不断喊它的名字时，发现它自己个儿玩得不亦乐乎，根本没有理睬你的意思……

几个月后家里突然变得陌生，满地布偶娃娃的残肢，墙角多了个洞，床单破了个角，地上的毛捡起来可以织一条毛线裤……

在度过手忙脚乱、捡屎不如它拉得快的磨合期后，终于到了相爱相杀的阶段。狗是一种会让你爱得轰轰烈烈，又恨得咬牙切齿的动物。它们卖萌撒娇时，可以激发你内心深处的母爱或父爱；可是当它们开始不安分，咬东西、扒沙发、撕纸巾、偷吃东西的时候，你就一个头两个大了。“咬鞋子是因为想念我？”“扒沙发是因为里面有小虫子？”“撕纸巾是因为太无聊吗？”……它们这些奇怪异常的行为，到底是什么原因呢？……这些人生中的全新挑战要怎么应对，你除了问度娘、问万圈、问贵群之外，有没有更好更稳妥的方法？

就像你看到的，这本书由一个新兴的中国连锁宠物医疗品牌安安宠医编写。在全中国几十座城市的几百家宠物诊所和医院里，我们每一天都会见到许许多多和你一样的毛孩子爹妈。有很多小朋友要来医院就诊的原因是它们的父母在日常生活中忽略了一些细节，或者是父母跟小朋友的沟通出了点小问题，所以不得不找到宠物医生来解决。

如今，毛孩子家长们对宠物健康知识和生活习性的了解大多数来自于朋友经验和网络信息，难免有不少错误。市面上虽然有很多养宠图书，但是总体来说，国外翻译的图书不能契合眼下的中国国情和宠主需要，而国内原创的又不够全面。有些图书生硬和枯燥，读者很难吸收消化，毕竟如今中国宠物消费市场已经是90后的天下。

所以，我们萌发了想法，为新一代的宠物主人编一本"以用户为中心"书。毕竟，"我有猫了" "我有狗了" 是个能持续十多年的状态。在它走进你的生活之前，你就需要有所准备。谁不想马上和自己的狗狗成为最亲密的朋友呢，况且这还是一段"忘年交"。

这本书可以说是真正的集体创作，从安安宠医的市场团队与上海文化出版社的编辑策划开始，到安安宠医市场团队与全国几十位院长、运营经理反复沟通交流、修改文稿，其间还得到了多家行业内领先的公司给予我们宠物营养学、行为学、用品科学比较等诸多方面的建议和意见，帮助我们从年轻宠主的需求出发，解决实际问题。在这里，向他们表示深深的感谢。

从这本书开始，我们一起为了它们好好努力哦！

目录

基础保健

狗病学初识

谜一般的宠物

狗狗的性格

警犬救人……狗狗临死都不肯闭眼只为等待主人的到来……不论是《忠犬八公》里的八公还是《我与狗狗的10个约定》里的袜子都告诉我们，狗狗若爱你，就会永远爱你，不论你做了什么事，发生什么事，经历了多少时光。狗狗的一生都是为人类而来的，它们引领我们进入一个更慈爱、更温柔的世界。

因此狗狗对主人是非常忠诚的，狗狗一旦与人为伴，就会对主人怀有深厚的感情，并且善解人意、胆大沉着，在关键时刻会为了保护主人奋不顾身。也许它可能会时常出现在你的视野里，你去厨房它会啾啾啾跟上来，你去书房它可能就躺在你的脚边静静地等待；当然它也可能为了取悦你、博得你的关注，尽干

一些坏事，但不要觉得它烦哦，它只是想陪着你，希望你摸摸它，抱抱它。如果你抱着，或者甚至抱过其他狗狗，不要以为它不知道，不在乎哦，它们的鼻子可是很灵敏的，分分钟就会吃醋不理你。但是只要你多摸摸它，表扬它，它就会重新开心得像个三百斤的胖子。

狗狗生性就比较调皮捣蛋，如果你回家发现满地的纸巾，鞋带断得只剩一个头，刚买的新床已经遍体鳞伤的时候，不要慌张，因为这可能即将成为常态。进入换牙期的狗狗会有啃咬磨牙的欲望，千万不要因为这些事情每天把它关在笼子里不让它出来哦。狗狗的天性就是喜欢玩耍，不要阻碍它的天性。如果你不想被“拆家”的话，可以慢慢训练它。当它做对事情的时候适当地奖励它，做错了就取消奖励，进行一定

的惩罚，但是不可以打骂、断水断粮、关禁闭或者体罚，这样会给幼犬造成心理负担哦。但是你也不能太心软，太娇惯，要让它对你有主人意识，不然往后的训练你都很难掌控了。狗狗可以感知主人的情绪变化，当你生气时它们可以感受到。狗的记忆非常短暂，所以当它犯错时，一定要“抓现场”，用言语或肢体语言告知它这样做是不对的，多次重复它就会知道什么是对什么是错。

狗狗的年龄认知

犬年龄	体重:0-9KG	体重:9-23KG	体重:23-41KG	体重: >41KG
	人类年龄	人类年龄	人类年龄	人类年龄
1	7	7	8	9
2	13	14	16	18
3	20	21	24	26
4	26	27	31	34
5	33	34	38	41
6	40	42	45	49
7	44	47	50	56
8	48	51	55	64
9	52	56	61	71
10	56	60	66	78
11	60	65	72	86
12	64	69	77	93
13	68	74	82	101
14	72	78	88	108
15	76	83	93	115
16	80	87	99	123
17	84	92	104	131
18	88	96	109	139
19	92	101	115	
20	96	105	120	
21	100	109	126	
22	101	113	130	
23	108	117		
24	112	120		
25	116	124		

幼年　成年

老年　更老

养狗，你准备好了吗？

你准备好从今天开始抚养这只狗狗，无论是好是坏，富裕或贫穷，疾病还是健康，都彼此不抛弃不放弃，直到死亡才能将你们分开了吗？

不抛弃：不抛弃不放弃是养狗最基本的意识。人的性格千奇百怪，狗也一样，如果你会因为它不是你想象中的性格而不要它的话，如果你会因为一些意外或疾病而不要它的话，如果你会因为邻居投诉而不要它的话，如果你会因为其他各种原因不要它的话，请你慎重考虑。

需要陪伴：别看狗狗看上去憨厚老实，没心没肺，其实内心是极其需要陪伴和得到认可的。如果你经常出差或者加班，没有时间陪伴它，它就只能孤独地在家等你，久而久之会造成它们的心理阴影。如果你不忍心让它孤独的话，那就请慎重考虑。

需要一定的运动量：狗狗不像猫猫喜欢窝居，它们生性好动，喜欢玩耍，特别是中大型犬，一天需要巨大的运动量。如果你是一个懒人，养一条狗即将让你变得勤劳无比，生活变得多姿多彩。如果连养狗狗都无法让你勤快的话，你和一条咸鱼又有什么分别呢？

满地狗毛："买只短毛狗吧，不容易掉毛"，那你就大错特错了，无论是法国斗牛犬还是拉布拉多都会掉毛。狗每年都要脱换一两次毛，有的狗甚至一年四季都掉毛，所以不想家里满地狗毛的话，需要加倍打扫咯！如果家庭成员有洁癖的话，狗毛可能会让他们崩溃，为了避免产生家庭矛盾，请你慎重考虑！

破坏力超强：小狗入住前一定要做好心理准备，3~6 个月的狗宝宝成长速度最快，在这期间狗宝宝需要换牙，家具、墙角、电线、拖鞋……凡是可以咬的东西它们都不会轻易放过，直至 1 岁前都有可能拆天拆地拆一切。

生理需求：6 ~8 个月的狗狗逐渐开始性成熟，男孩子要到处标记自己的地盘，而女孩子来了第一次例假……各位家长不要慌张，狗狗也是会来例假的，狗狗来例假时的清洁工作需要各位家长上点心了。

再次强调，有以下情况的还请你慎重养狗哦：

□是 □否 家人是否能完全接受

□是 □否 是否有比较严重的鼻敏感和毛发过敏

□是 □否 是否有足够的经济能力可以负担它的生老病死

□是 □否 组织了新的家庭之后是否可以说服对方一起养狗

□是 □否 如果有怀孕的打算是否还能继续接受你的狗

带它进家门虽然容易，但在它未来十多年的生命里，你就是它的依靠了哦。

怎样挑选一只健康的狗狗?

家里马上要增添活力四射的新成员了，这是一件非常开心的事，但前提是带回家的是一只健康的狗狗。关于如何挑选一只健康的狗宝宝，可注意以下几点：

行为：逗小狗玩耍，健康的小狗会跟你互动，精神十足，无跛行；轻轻触碰它的尾端，会马上回转过头来，行动敏捷，听到人说话也仿佛能理解一般。

把狗狗放在桌上，人在一旁出其不意地拍手，如果它无动于衷，静静地站在桌子上，就说明它是一只合格的狗；如果它在桌上缩成一团，并不停地发抖，表明它的胆子很小。

进食：健康的小狗对食物非常敏感，吃食快而兴奋，且没有饱腹感。

体表：健康的小狗眼结膜呈粉红色，眼睛明亮不流泪，无分泌物，鼻子湿润，手摸上去凉凉的，口腔无舌苔，舌头呈粉红色，皮肤弹性好，被毛光滑有光泽。选择幼犬时还要注意是否是盲犬，判断方法为，出其不意戳向狗狗的眼睛但不触碰，如不眨眼，就可能是盲犬。

常见狗狗品种

小型犬

	贵宾犬	博美	比格犬	吉娃娃	比熊犬	巴哥犬
耐热程度	★★★★⯨	★★⯨	★★★★	★★★⯨	★★★	★★★★
对生人友善	★★★	★★	★★★★★	★	★★★★★	★★
对小孩友善	★★★★	★	★★★★	★	★★★	★
运动量	★★★	★★	★★★	★	★★	★★★★
动物友善	★★★	★★★	★★★★★	★★	★★★★	★★
掉毛程度	⯨	★★★⯨	★★★	★★★	⯨	⯨
易患病	髌骨脱位 多泪症 外耳炎	气管塌陷 心脏病 皮肤疾病	皮肤疾病	髌骨脱位 气管塌陷 眼疾、高血压	眼病 耳病	肥胖症 上呼吸道疾病

中型犬

	柯基犬	萨摩耶	柴犬	牛头㹴	英国斗牛犬	松狮
耐热程度	★★★⯨	★★★	★★★★★	★★★⯨	★★★★⯨	★★★★
对生人友善	★★★★	★★★★	★★★	★★★	★★★★	★
对小孩友善	★★	★★★★	⯨	★★★	★★★★	★
运动量	★★★	★★★	★★★	★★★	★	★★
动物友善	★★★★	★★★★★	★★★	★	★★★★	★★★
掉毛程度	★★★	★	⯨	★★★	★	★
易患病	肥胖症 渐进性视网膜萎缩 癫痫、椎间盘疾病	脱毛症、糖尿病 过敏性皮炎 白内障	肠道疾病	关节脱位 犬代谢性疾病 先天性失聪	过敏性皮肤病 干眼病、结膜炎、角膜溃疡 呼吸道症候群	螨、丝虫病 角膜炎、湿疹 犬脓皮病、过敏性皮炎

大型犬

	金毛犬	哈士奇	拉布拉多	边牧	秋田	阿拉斯加
耐热程度	★★★	★★	★★★½	★★★½	★★★½	★★★
对生人友善	★★★★★	★★★★★	★★★★★	★★	★	★★★★
对小孩友善	★★★★★	★★	★★★★★	★★	★★	★★★
运动量	★★★★	★★★★	★★★★	★★★★★	★★★	★★★½
动物友善	★★★★★	★★★	★★★★	★	★★	★
掉毛程度	★★★	★★★★	★★★	★★★★	★★★	★★★
易患病	髋关节发育不良 皮肤病 肿瘤	肠胃疾病	髋关节发育不良 异物	肠胃疾病 骨骼疾病	过敏性皮炎 皮脂腺炎 犬疱疹病毒病	肠胃疾病 肾脏疾病

你适合养什么狗狗?

上班族适合养什么狗?

小时候想养狗，爸妈说：你连着自己都养不活，怎么养狗？上班赚钱以后想养狗，爸妈说：你上班那么忙，哪儿有时间养狗？难道真的要等到开始跳广场舞、拿着水壶去门口下棋的时候才能养狗吗？其实，上班族适不适合养狗，一方面取决于你工作的稳定性，更重要的是你对狗狗的喜爱程度以及责任心。

身为上班族，如果你想养狗，你必须具备以下几个条件：

▲ 有稳定的收入，能养得起你自己，才能给你的狗狗更好的生活。

▲ 工作比较稳定，不会长期出差。狗狗也是不能接受“异地恋”的，毕竟，不以陪伴为目的养狗都是耍流氓。

▲ 不论工作是否忙碌，都要保证每天至少有10分钟以上的时间遛狗。

如果具备以上几个条件，那你就可以拥有属于自己的小可爱咯，终于也变成可以在朋友圈“晒娃”的人了！

那上班族适合养什么类型的狗狗呢？

▲ 小型犬，不需要很大的运动量，那就不需要你花很长的时间去遛它们了。

▲ 不易掉毛，被毛好打理的狗狗。

▲ 比较容易训练的狗狗，方便你训练它定点上厕所，这样就不用担心它憋尿的问题了。

▲ 性格活泼，温顺友善，城市适应度高的狗狗。

推荐犬种：

▲ **玩具贵宾（泰迪）**：泰迪性格十分活泼，记忆力非常好，智商也很高，长相可爱讨喜，而且会讨主人喜欢，也不容易掉毛，非常适合上班族。但是主人要注意清理它们的眼屎，以免留下泪痕。

▲ **比熊**：比熊性格友善、活泼，长相也十分可爱，会做各种逗人发笑的动作。它们不需要太多的户外活动，非常适合在公寓内饲养。比熊平日里需要美容才能变得更可爱哦，另外，主人需要特别注意它们的眼睛，非常容易有泪痕。

▲ **博美**：博美表情丰富，活泼好动，喜欢撒娇撒泼，会给平日里被工作烦扰的你带来不少欢乐。博美非常聪明，比较容易训练，但是它们的被毛较长需要打理。

▲ **吉娃娃**：吉娃娃体型娇小，对生活空间要求不高，而且它们每天的运动量也不大，也不用经常花费时间带它们去玩耍。吉娃娃的性格比较敏感、多疑，但对主人忠心耿耿，依赖性比较强。但是，它们大大的眼睛需要主人注意日常护理。

▲ **雪纳瑞：** 雪纳瑞被称为“公寓之犬”，最大的优点就是不怎么掉毛，而且味道也很小。主人外出，它们会在家里自娱自乐，也不会搞破坏，不需要主人担心，非常适合上班族。但是，主人要多注意它们的皮肤问题。

▲ **柯基：** 柯基不挑食，被毛比较短，容易打理，而且它们生性比较独立，适合朝九晚五的上班族。但是，主人需要注意控制它的体重。

▲ **西高地：** 西高地长相非常可爱，性格乐观、开朗，非常适应城市生活。但是西高地需要经常带出去遛遛，毛发打理起来也需要花些时间，如果你是一个非常懒的上班族，就需要慎重考虑了。

▲ **金毛：** 如果你实在想养中大型犬的话，建议养金毛。金毛对任何人都非常友善，它们有聪明的大脑袋和好脾气，可以和人类成为很好的朋友。但是中大型犬需要比较大的运动量，需要经常带出去玩耍，如果你是一个比较爱出去玩耍、爱运动的上班族，可以考虑养。

老人或家里有老人适合养什么狗？

一些子女因为不在老人身边，害怕老人孤单，想送一只狗狗给老人以弥补缺失的陪伴。但是，在挑选狗狗之前，请先确定老人是否喜欢或者愿意或者有精力去照顾一只狗狗，如果老人家不方便或者嫌麻烦，就不要给他们增添烦恼咯。如果老人可以养，那么最适合什么样的狗狗呢？

对于老人或者有老人的家庭来说，性格随和、爱亲近人、对主人依赖性强、比较听话的小型犬最合适不过了。中大型犬需要一定的运动量，老人的力气或腿脚可能赶不上它们。小型犬没有中大型犬那么大的体格，即使扑到老人身上也不会导致摔跤等意外情况。而且，小型犬比较好打理被毛，不常出远门的老人没事在家给狗狗洗洗澡也会变成一种乐趣。

老人养狗狗有什么好处呢？其实我们听到的人与狗狗之间的感人故事大多发生在老人身上。狗狗是人类最忠实的伴侣，它们不仅会用可爱呆萌的表现改善老人的情绪（血压较高的老人每天保持愉悦的心情是非常重要的），更能帮助预防老年痴呆或老年抑郁症。在给老人的生活带来乐趣的同时，狗狗会在老人发生意外的时候，第一时间奋不顾身地帮助他们。

推荐犬种：

▲ **巴哥**：巴哥犬外表憨厚可人，性格脾气也非常好，喜欢得到主人的关注，运动量不大，被毛非常容易打理，平常也不随便吠叫，非常适合老人饲养。

▲ **腊肠犬**：天性独立自主的腊肠犬非常容易照顾，适合手脚不太方便的老人家。

▲ **西施**：西施犬性格开朗，对人十分友好，但遇到突发状况时，它会表现出勇敢凶悍的一面，是老人很好的守护者。

▲ **泰迪**：聪明乖巧黏人的泰迪，常会在主人脚边转悠，不需要特别关注，也不容易掉毛，非常好打理。喜欢撒娇卖萌的泰迪，能给老人的生活带去不少快乐。

▲ **京巴**：京巴犬非常的忠诚，容易和主人建立深厚的情感，非常护主。性格勇敢的它，可以很好地保护老人家的安全。

▲ **比格**：比格犬向来聪慧，易于训练，善解人意，可以很好地陪伴老人家。

家里有宝宝适合养什么狗？

怀孕的时候，家人因为怕感染弓形虫不让养狗狗；宝宝出生后，怕感染宝宝不让养狗狗。难道只有单身才可以养狗狗吗？其实准妈妈和爷爷奶奶们不用担忧，弓形虫是通过粪便传播的，准妈妈只要不接触含有弓形虫的粪便就无大碍。不放心的家长，可以定期带狗狗去医院做驱虫、免疫和检查。

从小接触小动物，有利于培养孩子善良、乐观、独立、善于沟通的性格。和狗狗的日常互动，能激发孩子的责任心；当孩子学着照顾狗狗，他们会懂得尊重生命；狗狗忠诚、善良的品质，也会随着时间感染孩子。在狗狗的陪伴和守护下，孩子们可以拥有一个轻松、单纯、快乐的童年。

先养狗狗后生宝宝的准爸爸准妈妈一定要注意，宝宝出生后不能冷落狗狗，这样它会认为是宝宝夺走了你们对它的关爱，会不喜欢宝宝哦。因此，如何平衡宝宝和狗狗的关系，各位家长要多花点心思哦。

推荐犬种：

▲ **金毛：**金毛宝宝不仅长得帅气养眼，还是出了名的“狗界暖男”，非常喜欢小孩。活泼贪玩的它们也深受小朋友们的喜爱。

▲ **萨摩耶：**萨摩宝宝和金毛一样，性格温顺，对小朋友友好，如天使般的笑容可以给宝宝带来快乐的童年。

▲ **拉布拉多：**拉布拉多的小孩缘极好，是对小朋友最友好的品种之一。它们易于训练，爸爸妈妈可以带着宝宝和狗狗做很多游戏。

▲ **柯基：**柯基虽是小型犬，但不喜吠叫，适合居住在公寓的家庭；性格温顺，小朋友很喜欢跟它们玩耍和拥抱。

家里有宝宝和狗狗的家长们，一定要注意以下几点：

▲ 注意卫生。天生好奇心比较重的狗狗，喜欢草地，喜欢泥土，对大自然的一切都充满好奇，因此每次带出门回来要第一时间给它洗爪爪，清洁被毛。保持卫生不仅能够保证孩子的健康，对狗狗的健康也是有好处的哦。

▲ 定期洗澡。狗狗和宝宝之间会有很多互动，所以一定要定期给狗狗洗澡。另外，还要经常修指甲，以免不必要的划伤。

▲ 定期驱虫。喜欢外出的狗狗身上难免会带一些寄生虫回来，所以建议有小孩的家庭，每个月都要带狗狗去医院体内外驱虫。

▲ 定期免疫。给狗狗打预防针，不仅可以预防部分狗狗的传染病，一些预防针还能预防人犬共患病。为了狗狗和全家人的健康，每年带狗狗到宠物医院免疫是必不可少的哦。

▲ 定期体检。狗狗不会说话，生病了主人也未必能在第一时间发现，因此每年定期体检，及时发现狗狗的潜在问题，可以延长狗狗陪伴家人的时间哦。

与十二星座性格相匹配的狗狗

▲ 白羊座：白羊座作为黄道十二宫之首，有种天生的优越感，性格率真，勇敢热情，独立自信，喜欢挑战，喜欢做冒险的事，有着超强的意志力。但性格中自带的冲动会使他们过于急躁，容易发脾气。

推荐犬种：

可卡：可卡是天生的猎手，个性活泼，喜欢运动，精力充沛，爱好探险，机警敏捷，易于服从，忠于主人，非常适合和白羊一起去挑战新事物。

萨摩耶：萨摩性格温顺，天生一副微笑脸可以安抚白羊们的情绪，调整他们的心情。

▲ 金牛座：金牛座为人坚毅忠实，最为固执，一旦决定的事情不容易被动摇。喜欢安定的生活，不太喜欢改变，较为懒惰，不喜欢处理太麻烦的事。

推荐犬种：

牛头㹴：貌不惊人，却生性固执，看起来十分憨厚，却有自己坚守的底线，与金牛的脾气性格非常相符。

▲ 双子座：双子座的性格一半是天使，一半是恶魔，有些偏执，但却富有才华，对未知领域有很强烈的探究精神。反应极快，表达能力比较强，善于察言观色。

推荐犬种：

贵宾：贵宾犬善于察言观色、表现自我的性格，与双子非常相符。

哈士奇：哈士奇是典型的“天使脾魔鬼”。看起来蠢萌，实则一言不合就撕家，每时每刻都在挖掘新的兴趣点，与双子的性格十分相似。

▲ 巨蟹座：巨蟹座性格比较敏感，有警戒心，容易多愁善感，善于自我治愈，非常恋家。

推荐犬种：

巴吉度：巴吉度个性温和、恋家，能给人带来温暖，是巨蟹非常好的生活伴侣。

金毛：金毛和巨蟹一样，温柔，不爱争执，偶尔有点小呆萌。即使受伤了，也不哭不闹，静静地自我治愈。暖男属性可以治愈巨蟹的一切悲伤。

▲ 狮子座：狮子座活泼外向，充满智慧，有较强的统御能力，是天生的领导者，但内心深处比谁都矫情，总是默默地多愁善感，爱面子不愿表露出来。

推荐犬种：

边牧：智商排第一的边牧才能配得上百兽之王狮子的宠爱。

西施犬：高贵、典雅的外表，非常符合狮子的眼缘。

▲ 处女座：心思细腻，比较挑剔，对任何事都有洁癖，比较追求完美，在擅长的领域非常容易有出众的表现，生性具备演员的潜质。

推荐犬种：

柯基：“百变柯基犬”可以很好地配合处女们的“演员”精神，拥有极高娱乐精神。

▲ 天秤座：天秤座八面玲珑，是交际高手，人缘极好，沟通能力非常强，为人细致高雅，但有时又会优柔寡断，决断能力较差。

推荐犬种：

哈士奇：哈士奇被人们称为“哈二”，是因为智商时不时就会掉线。这种狗狗没有一定的耐心是驯服不了的，需要善于人际交往的天秤座来驯服。

德牧：坚决贯彻主人的每一个决定，与天秤优柔寡断的气质互补。

▲ 天蝎座：看起来温和，实则生性多疑，性格傲慢，缺乏安全感，害怕孤独，害怕被抛弃，喜欢热闹和充实。

推荐犬种：

秋田：秋田犬的忠诚足以让天蝎们有足够的安全感，性格沉稳温顺，逆来顺受，可以无限容忍天蝎“翻天如同翻书”般的特质。

雪纳瑞：雪纳瑞天性活泼，喜好自娱自乐，不会让天蝎的生活过于单调，又忠实认主，是天蝎很好的陪伴者。

▲ 射手座：天性乐观，热情奔放，喜欢自由，善于模仿，但又过于感性，容易把简单的事情复杂化。

推荐犬种：

柯基：柯基的百变性格以及跑上跑下的小短腿，足以让充满爱心的射手乐上一整天。

吉娃娃：看上去一脸呆萌，人畜无害的样子，实则总是会在不经意间给你一个突如其来的“惊喜”。

▲ 摩羯座：性格沉着冷静，意志力坚强，对自我要求比较严格，外表看起来很强大，内心实则很脆弱，缺乏安全感

推荐犬种：

秋田：性格稳重、忠诚的秋田犬会给摩羯们带来足够的安全感。

萨摩耶：微笑天使萨摩可以慰藉摩羯十分柔软的内心。天性胆小，对未知事物保持警惕性，使萨摩看起来十分“软弱”，而这份“软弱”正是摩羯们所缺乏的。

▲ 水瓶座：聪慧，喜欢交朋友，不喜欢受到束缚，性格比较随性，行事作风都有自己的想法，有天生的好人缘。但有时候理性起来可以不近人情，叛逆起来无视一切。

推荐犬种：

德牧：爱好自由又鬼灵精怪的水瓶座不适合养娇贵的狗狗，直接、大胆、有小资情调的德国牧羊犬非常适合他们。

法斗：喜欢与人互动，时常会捣蛋和智商掉线，也不会很黏人，是水瓶们的不二选择。

▲ 双鱼座：最富有同情心，又有较高的敏锐度，是天生的幻想家，经常沉溺于自己的世界无法自拔，又渴望获得他人的重视。

推荐犬种：

喜乐蒂：富有同情心的双鱼，可以很好地照顾固执又有点怯懦的喜乐蒂。

拉布拉多：拉布拉多拥有温顺的性格、强健的体魄，智商和情商双高，可以胜任各种工作，对于双鱼座幻想家的性格可以理解得游刃有余。

我们要如何选择狗狗的品种呢？ 一方面要根据自己的喜好，另一方面，我们还是建议领养代替购买。现在待领养的狗狗以中华田园犬居多，它们原本流浪或被家人弃养，过着颠沛流离的生活，随后由爱心人士通过救助、治愈、免疫，从而恢复到很好的状态，中华田园犬比品种犬更容易饲养，适应能力更强。

如果有缘，我们也可以在路边偶遇喜欢的小狗并带回家。

恭喜你有狗了！

恭喜你，没有隐私的生活开始咯……

每天陪它玩耍，抱抱它，它就将成为你最忠实的朋友……

对一只狗狗好，也许只花你一点点的时间，而它，却将用一辈子回报你……

希望你能够成为狗狗有限而短暂的生命里最幸福的主人，希望下辈子你们还会相遇……

初来乍到

怎么给狗狗打造一个家？

对于刚接触新环境的狗狗来说，陌生的环境会让它紧张，因此需要一段时间适应。那我们该如何为它准备一个安心的环境呢？

足够的活动空间

狗狗不像猫猫喜欢安静的独立生活，狗狗需要广阔的空间让它们玩耍，特别是中大型犬，如金毛、拉布拉多等。足够的活动空间可以让它自由玩耍，身心愉悦。

干燥而舒适的窝

狗狗的皮肤比人类的要薄很多，因此它们的皮肤非常脆弱，容易患皮肤病，干净而舒适的环境可以降低它们得皮肤病的概率。

安全的居家环境

你会发现电线、电源深受拆家狗狗的喜爱，为了防止它们触电，出门前尽量将电源关闭。发情的狗狗喜欢离家出走，如果不想让你的宝贝离开你的话，一定要尽早绝育，把门、窗锁好哦。

准备必要的工具

当你欢呼雀跃地把狗狗带回家，结果发现因为它踢翻狗碗、随地大小便弄得自己焦头烂额，为了避免这种情况的发生，一定要提前准备好养狗的工具哦。

水盆及食盆

品种	适用犬种	优点
深盆	长鼻或长耳的狗狗	不容易碰伤鼻子和浸湿耳朵
浅底盆	小型犬、幼犬和鼻子短的狗狗	吃起来较方便
高架盆	关节有问题的狗狗或老年犬	减轻颈椎和背部大幅度弯曲带来的拉力负担，也可以减轻对关节带来的压力
折叠食盆	所有犬种	出门旅行携带方便
自动投食器	所有犬种	定时定量喂食，可控制狗狗的体重
舔舐饮水器	有胡子的狗狗	可以防止喝水时沾湿胡子

狗笼、栅栏、窝垫

狗笼和栅栏是培养狗狗养成良好卫生习惯的必备工具，并且可以在特殊情况下保证它的安全。但是要注意，不可把狗笼和栅栏当成狗狗的禁闭区，随意把它关起来。

幼犬需要保暖，但狗狗是破坏之王，因此建议大家选择耐撕咬、不易坏的窝垫，不然你们家窝垫更新换代的速度可能会让你崩溃。

冬天可以选择柔软保暖的窝垫，而凉爽透气的藤条窝垫是夏天非常好的选择。

品种	优点	缺点
狗笼	安全	空间有限
栅栏	空间大	安全系数相对不高
窝垫	行动自由，温暖	不安全，不耐咬

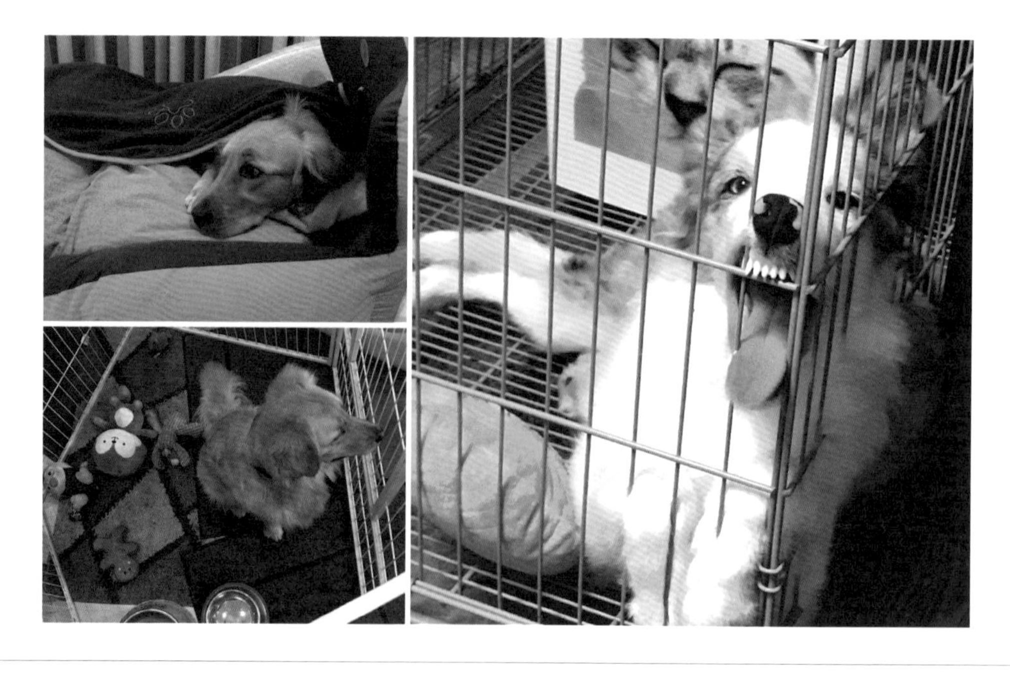

专用厕所

如果你对你家狗狗总能憋很长时间的尿并且出门时才排泄而暗自欣喜的话，那你就大错特错了。一般成年犬憋尿 10 个小时就会伤害健康，更别说刚完成免疫的幼犬了，长期憋尿可能引起膀胱炎、尿路感染等。买个专用的小狗厕所，训练它定点上厕所，绝对有利于它的健康和好习惯的培养

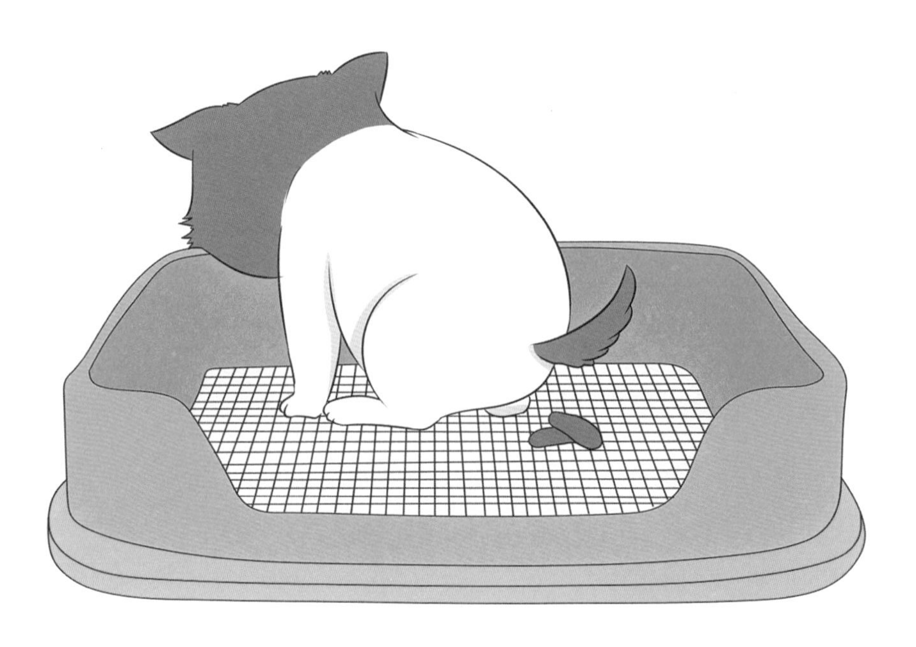

梳洗用品

合理的日常梳洗能够保持狗狗的风采。梳洗用品分为梳理工具和洗浴用品。

	品种	适用犬类
梳理工具	硬毛刷	短毛犬
	猎犬手套	中毛犬
	金属梳	长毛犬

洗浴用品：浴盆、专用香波、毛巾、吹风机等。专用香波应符合狗狗的毛色、年龄和生长情况。

理论上完成全部免疫 10 天后狗狗在健康的状态下才可以洗澡，因为未完成免疫的狗狗免疫力低、抵抗力差，非常容易感冒。可是刚买来的狗狗有异味又怎么办呢？爱干净的主人可以准备专用的干洗粉给它清洁。

出行用品

出行用品有项圈、牵引绳、身份牌、外套、口罩等。项圈和牵引绳是狗狗外出必备用品，便于外出时对狗狗的控制，以防发生意外。

建议佩戴刻有家庭地址和电话的身份牌，万一狗狗走丢，方便寻找。

冬季外出时，可以给幼犬或老年犬披件外套预防感冒。

为防止狗狗出门乱叫、咬人或乱吃东西，可以给狗狗戴专用口罩。乱吃东西可能会引起误食异物、误食毒药等。如果发现遛狗回来，狗狗有呕吐、干呕、咳嗽等情况，请尽快就医，避免耽误最佳治疗时机。

小玩具

谁还不是个宝宝呢？哪个孩子没有一点小玩具呢？老一辈人小时候，大人们都要下地干活，临走前还要给孩子一个小土豆玩呢。所以，让新来的小狗消除紧张和陌生感，给它个小玩具比你在旁边对它喋喋不休要好得多。

如何陪伴狗狗玩耍？

如果你真的很爱你的狗，那就请你多陪它玩耍，多跟它互动，它非常需要你的陪伴。每天1小时的散步是必不可少的，除此以外，和狗狗玩耍会让你们之间的感情更为密切哦。但是作为主人，你知道它们喜欢玩什么吗？

追逐游戏

追逐是狗狗的天性，通常当你开始奔跑的时候，狗狗会以为你在跟它玩耍，它也会追逐你。随意改变你的移动方向会让狗狗觉得兴奋，从而往你身上扑。

追逐特性的一个好处是，可以在它挣脱牵引绳的时候反方向奔跑并喊它的名字，它就会回来。但是在玩耍时如果狗狗因为太兴奋而开始乱扑，请立刻停止游戏，让狗狗安静下来。因为这一坏习惯可能会导致它以后出门见人就扑。

寻回游戏

寻回游戏是狗狗最喜欢的游戏之一。所谓寻回游戏，就是将你手中的玩具丢出，并引导它将其捡回，不但可以让狗狗玩得开心，同时也可以训练它掌握寻回物品的技巧。如果狗狗将玩具叼回给主人，千万不要忘记给它称赞和奖励哦！这也可以作为狗宝贝表演的技能，作为主人的你一定会很骄傲吧！

争夺游戏

所谓争夺游戏，就是我们常见的“拔河游戏”，主人可以在狗狗身体允许的情况下，挑选一些口感好、颜色鲜艳、便于拉扯的玩具，并和狗狗进行一场“拔河比赛”。在比赛时不能让狗狗完全抢走主人手里的玩具，但也不能让狗狗失败，谁是戏精爸妈就在此刻见分晓咯！这样不仅可以满足狗狗的心理和生理需求，又可以令你们的关系更加亲密，何乐不为？但如果争夺过于激烈，则应立即停止游戏。

捉迷藏

主人可以将物品藏起来，然后鼓励狗狗进行搜寻，当然玩具里面可以放一些零食或狗粮，诱惑狗狗去寻找；另一种方法，主人可以自己藏起来，之后对狗狗进行召唤，让它搜寻出你的藏身之处。这对于狗狗而言，可是一个相当有诱惑力的游戏。

科学喂养

营养学：狗狗的饮食构成

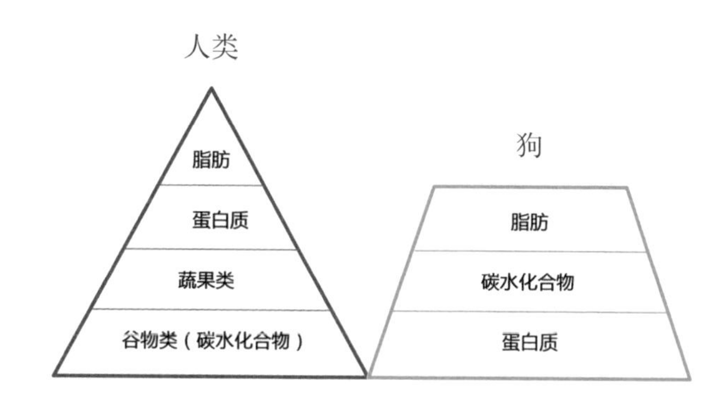

狗狗是肉食性动物，但它们和人一样，都需要三大营养要素：碳水化合物、蛋白质和脂肪。

蛋白质：蛋白质主要影响狗狗的生长和肌肉组织发育。它们对多数动物的内脏和鲜肉中的蛋白质消化能力较好，对植物性饲料中的蛋白质消化能力较弱，对淀粉消化率也不高，所以狗狗无法从植物中获得它们所需要的营养，最好不要给它们吃人类的食物（米饭之类，一些含有蛋白质的肉食类可以喂养，但不能放盐），否则它们可能会营养摄取不足！ AAFCO（Association of American Feed Control Officials 美国饲料管理官方协会）规定：犬粮中的蛋白质含量不得低于 16%。一般犬粮中蛋白质的含量为：成犬粮 19.68%~29.68%；幼犬粮 26.28~33.14%。

脂肪：狗狗体内的脂肪占其体重的 10%~20%。脂肪的营养成分为饱和脂肪酸和不饱和脂

肪酸。

一般动物的脂肪为饱和脂肪酸，如牛羊猪。但是吃过多的饱和脂肪酸容易导致狗狗的肥胖和心脑血管疾病，因此各位家长一定要适量投喂哦。而不饱和脂肪酸较多含于植物性脂肪中和深海鱼油中，不饱和脂肪酸对预防肥胖和心脑血管疾病有着积极作用，可令狗狗的毛色更亮更光滑，眼睛更有神。

碳水化合物：碳水化合物在植物性饲料中含量比较丰富，主要包括淀粉、纤维素和糖类，是狗狗生理活动所需能量的主要来源。碳水化合物供应不足的时候，狗狗会消耗体内的脂肪和蛋白质来供能。长期不足，狗狗很快就会消瘦，生长、繁育发生障碍。但是，如果碳水化合物摄入过多的话，狗狗会发胖哦。

矿物质：矿物质是一种无机营养物质，可以促进新陈代谢、血液凝固，调节神经，维持心脏正常活动。

① 幼犬非常容易缺乏钙和磷。缺钙和磷会导致许多骨骼疾病，如佝偻病、软骨症等，钙磷比例失衡也会导致腿病（腿跛等）。

② 缺铁会导致贫血，但摄入过多会中毒，导致狗狗腹泻、肾功能障碍等。

③ 缺铜会引发骨骼发育异常，而且容易骨折和贫血，但摄入过多会中毒。

④ 缺锌会使皮毛发育不良，产生皮炎；食入过多则会影响狗狗对铁、铜的吸收，从而引发贫血。

⑤ 缺锰会导致狗狗生长停滞，骨骼发育不良，性激素分泌减少、繁殖能力下降，幼犬会四肢运动失调；摄入过多狗狗会食欲减退，生长速度减缓。

⑥ 缺硒会导致狗狗生长缓慢，心肌和骨骼肌萎缩，肝细胞坏死，脾脏纤维化，出血、水肿、贫血、腹泻等；摄入过多会中毒。

⑦ 缺碘会影响甲状腺素的合成，幼犬缺碘主要表现为皮厚无毛，全身肿胀；成年犬缺碘会导致生长迟缓、骨架短小而形成侏儒，生殖器官发育受阻。

犬的矿物质需要量

矿物质元素	成年犬	生长犬
钙	242	484
磷	198	396
钾	132	264
镁	8.8	17.6
铁	1.32	2.64
铜	0.16	0.32
锰	0.11	0.22
锌	1.1	2.2
碘	0.034	0.068

单位：毫克/（千克体重·天）

维生素：维生素是狗狗生长发育、保持正常新陈代谢过程所必需的营养物质。维生素分为脂溶性维生素和水溶性维生素两类。

虽然狗狗需要的维生素量很少，但维生素起的作用很大，可以增强狗狗的神经、肌肉等系统的功能。狗狗可以从食物中摄取维生素。如果狗狗长期缺乏维生素，会导致一些特异性的缺乏症，影响整个代谢过程。

正常情况下每克狗粮所含的维生素标准如下，仅供参考：

维生素 A：8~10 国际单位

维生素 D：2~3 国际单位

维生素 B1：2~6 微克

维生素 B2：4~6 微克

叶酸：0.3~2 微克

蛋白质

脂肪

碳水化合物

矿物质

维生素

水

水：水约占狗狗体重的 60%，每天需喝约 150cc 的水。

购买宠物粮之前注意不要含有以下化学添加剂：

合成色素：如胭脂红、亮蓝、日落黄等。这种粮色泽诱人，完美掩饰劣质成分，可能有毒性、致泻性和致癌性。

BHA、BHT没食子酸丙酯：用于延缓食品腐败的防腐剂，长期食用对肝、脾、肺均有不利影响。

转基因食材：因其不稳定性，易造成免疫力系统损伤，诱发肿瘤等严重健康风险。

口味增强剂：也叫合成诱导剂，让宠物非常爱吃，但过量食用易造成激素积累，导致肥胖等问题。

粪便凝固剂：能让狗狗排便的形态看起来健康，食用过多会造成肠胃和排泄负担。

除此之外，还可能有抗生素、生长激素等有害添加，由于含量低，配料里一般不会标注。但负责的厂家会在包装上明确承诺“不添加”上述成分，让爱宠吃得健康，主人安心。

幼犬如何喂养？

计算每日能量需求和摄食量

如果你是一个非常精致的狗妈妈或者狗爸爸，可以按照上面这张计算步骤表，来给狗宝宝喂食。

饲喂狗狗一定要定时、定量、固定地点，养成它们的定时条件反射，分泌胃液，增加食欲，促进消化吸收。

两个月以下的幼犬，建议饲喂幼犬专用粮或幼犬专用奶糕，每日喂4次，少食多餐。幼犬没有饱腹感，你喂多少它吃多少，因此不建议每次饲喂太多，防止腹泻、消化不良。等到狗狗逐渐成熟，可以减少饲喂次数，一般成年犬每天饲喂2次，早晚各1次。

大部分狗狗都有一定程度的肠道敏感问题，可能会对某些食材过敏，食物过敏时会引起皮肤泛红、瘙痒、拉软便等现象。一旦出现这些情况，应先到医院咨询确诊，然后家长们就要考虑是不是该给宝贝换粮了。

幼犬采食过程：

出生：吮吸母乳（尽早饲喂母乳；如无母乳，可用商业幼犬奶粉替代）。

离乳期（舔食）：舔舐糊状或粥状食物（建议饲喂罐头，罐头适口性较好，其中蛋白质、脂质消化率高）。

二月龄以上：咀嚼（建议饲喂罐头＋干粮，帮助顺利度过离乳期）。

此时，小家伙牙齿还不够坚固、锋利，有些缺乏喝水意识，而干硬的宠物粮易加重肠胃消化负担，所以建议先用温水泡松软再饲喂，更易狗狗咀嚼。如果你饲喂的是离乳犬奶糕，无需泡粮也能饲喂。因为无论从外观、松脆度还是大小，都是考虑了幼犬的咬合及采食能力，即便直接饲喂也易于咀嚼。

另外，不要忘记给它们准备清洁的饮水，注意喂食盘的清洁，防止“病从口入”。

换粮的过程

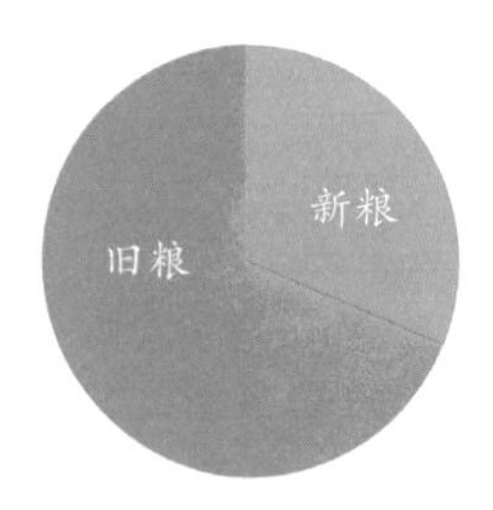

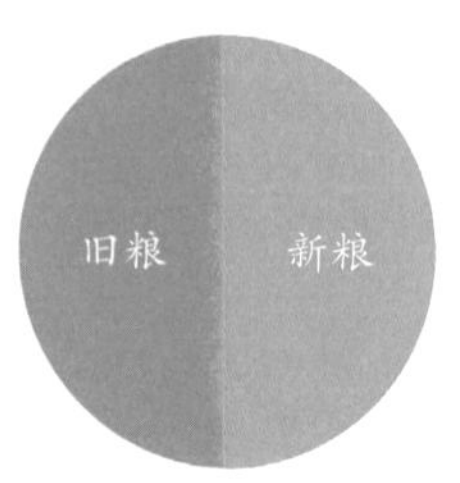

新粮

关于换粮：狗狗在换粮时容易遇到“应激”反应：出现拉软便、拒食、呕吐的现象，或者突然食量加大，建议可以适当地添加益生菌调理肠道。遇到以上情况，家长们无需停止饲喂新粮。一般应激反应会持续 7 天至 10 天，具体视不同宠物的体质而定。过了应激期症状自然会消失，但如果持续超过一个月还不能适应，必须考虑换别的粮。

为了让小家伙的肠胃更好更快地适应新粮，减少应激，主人可以将新粮和旧粮混合饲喂，在 7 天内逐渐减少旧粮的占比，直至全部换成新粮。适应能力弱的，可适当延长混合饲喂的时间。

常见犬粮：常见的犬粮有商品粮、自制粮、处方粮等。

（1）商品粮：分为干燥犬粮、半干犬粮、湿性犬粮、冰冻犬粮。

干燥犬粮：含水量10%~15%。热量较高，大多在12.6兆焦/千克以上。

半干犬粮：含水量20%~30%，营养平衡，能量低，外观通常像肉。

湿性犬粮：含水量72%~78%，罐头居多，营养全面、质量稳定、适口性好，但开罐后不易保存。

冰冻犬粮：用新鲜原料制成，营养保存完好，解冻后要尽快喂完，否则容易腐败。

（2）自制粮：有很多主人喜欢亲自给狗狗制作粮食，在调制犬粮的时候要特别注意营养的全面性。首先要满足狗狗对蛋白质、碳水化合物和脂肪的要求，再补充维生素、矿物质及脂肪酸等。

自制犬粮建议：肉类的添加量一般占总量的20%~55%，米饭、面食和玉米等的添加量为35%~70%。另外，蔬菜也能给狗狗提供碳水化合物，帮助其消化。还可以添加一些骨粉、植物油、鱼肝油等给狗狗补充矿物质、维生素和其他营养成分。由于狗狗的营养需求以及自制犬粮各个成分含量的比例要求严格，主人很多时候没有办法精确的进行配比，从而造成狗狗营养不均衡，因此建议使用合格的商品粮来保证它们正常的营养代谢需求。

（3）处方粮：处方粮是兽医或动物营养师根据宠物的身体状况或营养状况所搭配的，能帮助狗狗恢复健康的口粮。处方粮并非简单地将药物与食品混合，而是把治疗与食物联系在一起，针对不同的病情而设计的食品，以精准营养配比，达到食疗目的。

如何看待营养补充剂?

以下为几种常见的营养品：

美毛类产品，如卵磷脂、鱼油等。这主要是针对狗狗毛发生长类的营养品。这类产品有很多，主要是提高狗狗毛发质地和光泽度，让其皮肤更富有弹性，毛发更有光泽、更顺滑。

补钙类营养品，如钙粉、钙片等。这对于狗狗骨骼发育和生长有着非常重要的作用。特别是很多体弱多病的幼犬和老年犬，补钙非常重要。但不建议给狗狗喂食过量钙片，可能会引起骨骼畸形或骨质增生等疾病。

补充色素类的营养品，如海藻粉之类。

以补充蛋白质、多种营养为主要功能的营养品，比如营养膏等。

补充维生素的营养品，比如多种维生素的复合粉末或是药片。只需正常量即可，如果你喂食的是营养全面且均衡的宠物食品，就不用再给它额外补充了。

功能性营养品，如葡萄糖胺和软骨素等。这些是很流行的补充剂，通常用于治疗患有关节炎的狗狗。大量的事实证明，这类补充剂是很安全的，只有少量报道说服用大量的此类产品可能会损害血液凝固功能。其实，平常只要给狗狗喂食专门的宠物食品，就可以满足宠物对这两种营养的正常需求。

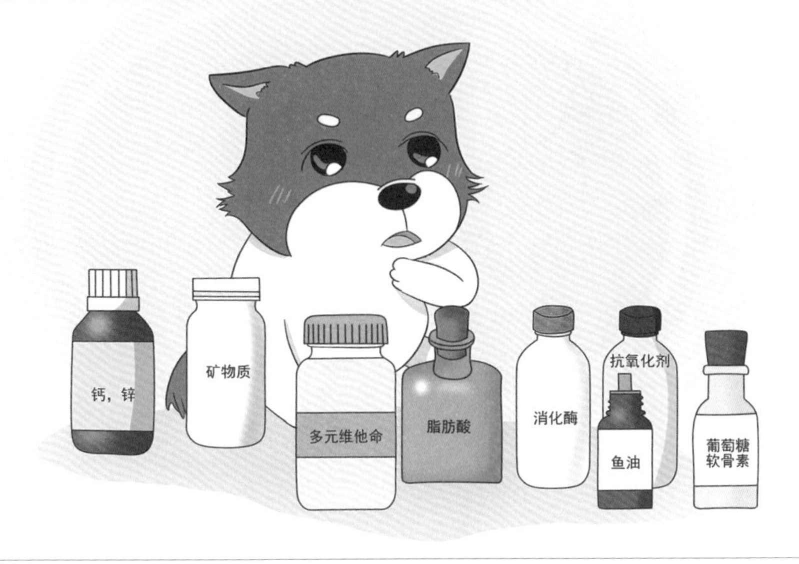

如何看待狗狗零食？

狗狗通常都是吃货，它们对零食简直可以说是毫无抵抗力，主人也可以通过零食的诱惑来训练狗狗或者跟它们玩耍，增进彼此的感情。但是再次强调，零食只能占据每日食物总量的 5%，比如食用 100g 的狗粮只能吃 5g 的零食，不可以影响正常饮食，否则会导致营养不均衡。

零食种类：

肉干类：几乎是狗狗最喜欢吃的零食。以鸡肉为主，其次是牛肉，还有鸭肉。肉干通常是被烘干的，根据水分含量不同，也分许多种类。水分含量低的肉干储存时间比较长，吃起来比较硬，适合年轻力壮牙口好的狗狗；水分含量高的肉干比较软，闻起来很香，但容易变质，不宜一次买得太多。另外，在采购时，尽量选择有品牌或是狗狗以前吃过的肉干，以免因为卫生问题引起狗狗生病。

奶制品：奶酪类零食，对于调节狗狗的肠胃是有好处的，但不是所有的狗狗都喜欢这个味道。需要注意的是，如果你家狗狗的肠胃对牛奶敏感，那最好不要尝试，以免引起拉稀。

咬胶类：通常是用猪皮或是牛皮做的，专门为了狗狗磨牙和消磨时间用的。要根据狗狗的大小来决定给狗狗买多大个儿的咬胶，太大了狗狗会失去咬的兴趣，太小了又容易被狗狗整吞下去。

洁齿类：洁齿类零食通常是人工合成的，比较硬，添加了肉香可以引起狗狗啃咬的欲望，添加了薄荷香料则可以让狗狗在咬的时候除口臭。洁齿类零食可以清除牙齿表面的污渍，预防牙结石，但对已经形成的牙结石没什么效果。牙结石建议到宠物医院进行超声波洗牙，可以彻底清除。

遇到挑食的狗狗怎么办?

狗狗什么时候最欠揍?莫过于主人满心期待给它买了狗粮,它却瞅都不瞅一眼的时候。

主人费尽心思各种“设法摆阵”,还是敌不过狗狗傲娇的眼神,这时候该怎么办?

一般出现这种情况,一个很主要的原因是主人的行为不当,比如纵容狗狗频繁更换狗粮,或者经常给狗狗吃零食或人类餐桌上的食物。狗狗如同小孩,吃了过多的零食就不再好好吃饭了,这样不仅会诱发狗狗挑食,还会增加狗狗患肥胖症的风险。

所以如果你想改善这一状况,首先立即停止饲喂人类餐桌上的食物和无节制的零食、点心,要让狗狗明白狗粮才是自己的主食。当然在你纠正它们的挑食习惯时,它们一定会选择反抗或者乞求怜悯,这个时候狠下心来才能得到最后的胜利哦!不用担心狗狗是否会挨饿,它们的挨饿能力非常强,真的饿了就会去吃狗粮了。

当狗狗把狗粮吃完时,主人可以奖励少量的零食,以告知只有它吃完了狗粮才有零食奖励。

加强运动量,促进消化也是一种改善挑食的好方法。有效地消耗狗狗多余的能量,不仅能提高狗狗的身体素质,还可以促进狗狗的胃口,吃狗粮也变得更香了。除此以外,还可以将狗粮放在狗玩具中供其玩耍,提高它进食的积极性。

但狗狗不吃东西并非都是因为挑食,高温、心理问题、药物副作用、失去嗅觉、牙口不好、咀嚼障碍、肠胃问题、内脏功能问题或其他全身疾病都有可能导致宠物不吃东西。如果狗狗完全拒绝食物,一定要去看医生,排除健康原因后再考虑挑食和心理因素。

狗狗的标准体态

狗狗的体态评分：

WSAVA Global Nutrition Committee

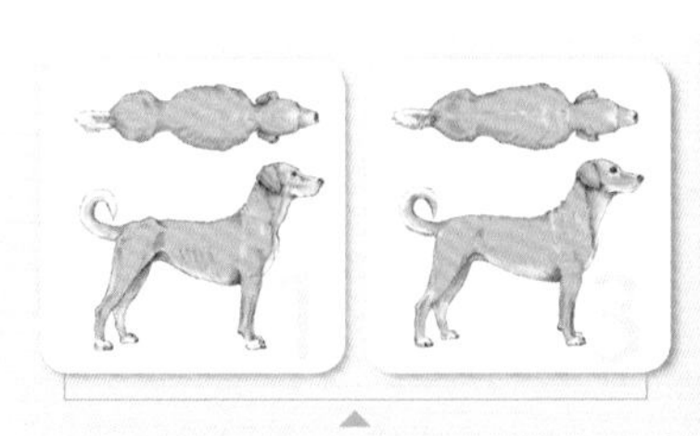

低于理想体态

❶ 在适当的距离下可明显见到肋骨、腰椎骨、骨盆骨以及所有骨头的突出部分。看不到体脂肪。明显肌肉流失。

❷ 目视易见肋骨、腰椎骨、骨盆骨。触诊不到脂肪。可能见到其他骨头突出的部分。极少量肌肉流失。

❸ 可轻易触诊或看到肋骨，触诊不到脂肪。可见腰椎骨的顶部。

理想体态

❹ 可轻易触诊到肋骨，肋骨上有极少脂肪包覆。由上方俯视可见腰身，腹部凹陷明显。

❺ 触诊肋骨没有过多脂肪。由上方俯视可在肋骨后方看到腰身。由侧面可看到腹部凹陷。

高于理想体态

❻ 触诊肋骨可感觉到稍微多的脂肪覆盖。由上方俯视可见腰身但不明显。腹部凹陷明显。

❼ 肋骨不易被触摸到；大量脂肪覆盖。腰椎与尾根部位有脂肪堆积。腰身几乎不可见或消失，可见腹部凹陷。

❽ 触诊不到肋骨，有非常厚的脂肪包覆，可能要施与较大压力方能触诊到肋骨。腰椎与尾根部位有多量脂肪堆积。腰身消失。无腹部凹陷。可能看到明显腹围膨大。

❾ 有大量脂肪堆积覆盖胸腔、脊椎及尾根。没有腰身及腹部凹陷消失，脂肪堆积于颈部及四肢，并可见明显腹围膨大。

世界小动物兽医师协会（WSAVA）对狗狗体态标准判断如图。体态评分从瘦到胖进行 9 分制评分，评分分数解释如下：

数值为 1　在适当的距离下可明显见到肋骨、腰椎骨、骨盆骨以及所有骨头突出的部分，看不到体脂肪，明显肌肉流失，也就是我们常说的皮包骨头，属于低于理想体态。

数值为 2–3　可轻易触诊或看到肋骨，触诊不到脂肪，可见腰椎骨的顶部，属于低于理想体态，有点偏瘦。

数值为 4–5　触诊肋骨没有过多脂肪，由上方俯视可见肋骨，由侧面可看到腹部凹陷，属于正常体态。

数值为 6–7　触诊肋骨可感觉到较多或大量显脂肪覆盖，腰椎与尾根部位有脂肪堆积，由上方俯视可见腰身不明显，可见腹部凹陷，属于高于理想体态，有点肥胖。

数值为 8–9　触诊不到肋骨，有非常厚的脂肪覆盖，腰椎与尾根部位有脂肪堆积，由上方俯视可见腰身完全消失，无腹部凹陷，腹围明显膨大，属于高于理想体态，非常肥胖。

其实当狗狗肥胖时，会有一系列的疾病产生，因为狗通常不会很快表现出病态，所以当它们病到很严重的时候，为时已晚啦，所以在日常就要保证狗体态的健康。肉嘟嘟圆滚滚，并不等于吃得好，更不等于健康。肥胖容易引起的疾病有糖尿病、胰腺炎、关节炎、肝脏疾病、炎症性肠病、泌尿系统疾病、呼吸不畅及皮肤疾病等，肥胖引起的慢性疾病需要长期的药物治疗，而且，在治疗时肥胖也会增加麻醉的风险。如果你家宝宝已经是个胖球了，请及时带它看医生，并迈开你们的步伐，勇敢走上减肥大道不要回头！

狗狗的饮食禁区

很多人对狗狗百般宠爱，时不时把自己喜爱的美食和宠物一起分享，但由于狗的消化系统与人不同，美食反而成了致命的“毒药”！为了它们的健康，请让狗狗尽量远离以下几种食物！

①葡萄和葡萄干：对部分狗来说是有毒性的，易导致肾衰竭。

②巧克力和咖啡：所含的可可碱、咖啡因、茶碱等成分会导致宠物中毒，引起呕吐、胃部不适、发热、抽搐甚至死亡。

③生鸡蛋以及其他生食：可能含沙门氏菌及各种致病菌，易引发代谢障碍。

④洋葱和大蒜以及类似葱类蔬菜：含有破坏体内红细胞的成分，易导致溶血症。

⑤野菇：少数野菇是剧毒的，要远离这类食物。

⑥坚果：大部分坚果会导致狗狗肠胃不适和发烧，要防止其误食。

⑦发霉的食物：发霉的食物含有大量黄曲霉毒素，主人需要及时处理垃圾，防止宠物翻垃圾桶。

⑧牛奶：部分狗会有乳糖不耐受症（对牛奶中所含的乳糖不能消化），大量饲喂容易引起腹泻或肠胃不适，建议饲喂更安全、营养的专业犬奶粉。

⑨有果核的水果：误吞果核可能造成窒息或者消化道阻塞。

⑩动物骨头：绝大部分家长认为骨头更适合作为狗狗食物，但如果骨头碎片卡在甚至刺穿它们的气管、食道或肠胃，会引发细菌感染，如不快速处理会造成死亡。

⑪酒精：因为酒精会破坏狗狗的肝脏和肾脏功能，导致中毒，严重的可能导致死亡。

of plaque.
菌滋生，健康胃肠环境，有效保护机体，
breeding of bacteria , improve
effectively protect organism
resistance.
菌繁殖，阻止泪痕色素形成，
reproduction of tear bacteria,
trace pigment, remove tear
Feeding

习惯养成

第一次上厕所

刚出生的狗狗就如同刚出生的婴儿一般，它们不会控制自己的吃喝拉撒。也别指望它们长大了就会自己上厕所，也不要依靠棍棒打骂来调教，这样只会使它们对你产生恐惧，并不能养成定点定时上厕所的好习惯。

爸爸妈妈，我想上厕所了！

1个月的幼犬相当于1岁的孩子，当它要上厕所的时候，它们总是会转个不停，东闻闻西嗅嗅，仿佛对这个世界充满了好奇，有的狗狗甚至会非常着急，不停地叫。这是它们想上厕所的信号。

50日龄的幼犬一天会小便12次左右，大便也可能在5次左右。你是无法控制幼犬的大小便次数和时间的，但你可以通过观察来发现它们的上厕所的规律。有的狗狗有睡醒后排便的习惯，有的狗狗习惯吃完饭后排便，掌握它们的排便规律有利于主人训练狗狗的上厕所习惯哦。

养成定点上厕所的好习惯

小狗比较依赖自己的气味，一般会选择自己窝附近来排便。所以家长们可以用报纸或者尿垫擦上一些它们新鲜的排泄物，放在固定的地方或者狗厕所上，经常带着它去闻一闻，让它记住这个地方，下次它就会乖乖地在这个地方上厕所啦。根据狗狗的不同情况，可从此排便处逐步移动狗厕所到你想要让它上厕所的地方。狗狗每次尿对了或拉对了地方，家长们可以摸摸它的头，表扬它，或者奖励它一粒小零食。如果狗狗尿错了地方，打骂是不起作用的哦，只会让它产生恐惧，下次它还是不知道尿在什么地方。这个时候家长需要将屎尿用手纸收集好放在狗厕所，并且把狗狗领到狗厕所旁，把屎尿给它看，耐心地告诉它这才是它该尿的地方。养成狗狗定点上厕所的好习惯是需要耐心的哦！

如何养成户外上厕所的习惯？

▲ 每天早晚定时带狗狗出去遛

▲ 必须大小便结束后才带回家

▲ 表现得好要给予鼓励和表扬

注：待疫苗生效后（最后一针疫苗注射后 10 天左右）出去才安全。

如何清理它们乱尿过的地方？

刚开始幼犬乱尿乱拉是经常的事情，并且它们很有可能在同一个地方反复地犯错，因为小狗对气味非常的敏感，它们会在有自己熟悉味道的地方上厕所，这让家长们非常头疼。所以我们发现狗狗“方便”过的地方之后要马上清理干净，可以用一些除味的产品，但狗狗的鼻子比我们的要灵敏很多，如果清理不彻底，它们还是能找到那个地方，然后继续“耕耘”。这时候我们可以拿酶类消毒剂，刺激性气味小清洁作用强，不要使用带有强味的东西（如花露水等）刺激狗狗，让狗狗不愿意再接近。

第一次调皮咬坏东西

狗狗长着一副天使般的面容，却是“魔鬼”的化身，拥有能把家变成战场的超级能力。如果有一天回家，你发现家里衣服、袜子满天飞，先不要怀疑家里是不是来了小偷，罪魁祸首很有可能就在你家。

狗狗喜欢咬东西的原因：

▲ 处于出牙阶段，牙齿痒，要磨牙，就如同刚出生的小宝宝喜欢要玩具一般。

▲ 在家实在太无聊了，没人陪它玩儿，就只能自己咬着玩，逗自己开心啦。

对于第一次调皮咬坏东西的狗狗该如何教育呢？

首先，藏好家里舍不得被咬坏的东西。千万不要以为它们在笼子里或围栏里就没办法咬到，只有你想不到，没有它们咬不到的。

其次，在你出门前为它们准备一些磨牙玩具，如磨牙棒、结绳球等。

如果你当场抓获了它在咬不对的东西，轻轻地拍它的鼻子，及时制止它，重复不可以的指令，告诉它这是不对的。不想让你的家改头换面的最好方法，就是抽时间陪它玩耍，并且给予表扬和零食奖励。

第一次刷牙

你是不是以为狗狗是不需要刷牙的？狗狗的口腔问题是最容易被忽视的，直到狗狗开始口臭、牙龈红肿、牙齿变黄，主人才意识到它们口腔问题的严重。口腔问题不仅会影响狗狗的饮食，到老年时期可能会引起心脏病等疾病。其实狗狗的口腔问题是可以提前预防的，从小注意口腔清洁，“牙好胃口好”，才能吃嘛嘛香哦！

狗狗第一次刷牙建议在满6个月以后。刚开始接触刷牙的狗狗一定会有些不适应、不配合，主人可以在刷牙前先做一星期的准备工作。取一块纱布包在手指上，轻轻触碰狗狗的牙齿和牙龈，再慢慢在狗狗的牙齿上擦拭，这样反复1个星期，等狗狗适应后再正式给狗狗刷牙。

刷牙方式：

▲ 选择柔软且尺寸合适的狗狗牙刷和专业的狗狗牙膏，这种牙膏和人的牙膏不同，它没有泡沫，无毒性，可食用。

▲ 每次挤一点即可，每周刷牙。

▲ 刷牙时，让狗狗坐在主人的膝盖或地上，主人用一只手轻轻翻起狗狗的嘴唇，另一只手握住牙刷刷拭它的牙龈和牙齿。

▲ 刷牙时要缓慢，力道不要太大，不然会使狗狗的牙龈受伤。

▲ 多坚持几次，狗狗就会慢慢习惯，并且乐于享受刷牙。

▲ 刷牙的顺序是先从后臼齿刷，等狗狗习惯后再刷门牙。

▲ 当发现狗狗的牙龈有红肿或出血现象时，请及时就医。

注：如果一开始主人不知道如何操作，可以到宠物医院先进行学习。

第一次出门散步

第一次散步对于家长和狗狗来说非常重要，事前准备一定要充分。首次出行记得选个宜人的天气，散步的地方最好在你认为安全的范围之内，而且要准备好牵引用的狗绳、零食以及拾便器或小塑料袋。

但凡出去遛狗都要携带牵引绳，不要认为狗狗被牵着，不能自由地奔跑会很可怜。牵引绳可以引导它们不要乱跑，避免车祸，也可以及时制止小狗第一次出门被外界食物所诱惑，同时可以避免狗狗之间打架。

在散步的时候，难免遇到许多小伙伴。如果你的狗狗走路时没有特别留意其他小伙伴，可给它发点零食作为奖励。如果双方出现“交火”，要保持冷静，立刻将其安静地牵走，而不是和对方的家长、狗狗进行争执。主人表现得越平淡，狗狗越不会记忆深刻，也就不会养成坏习惯。

散步过程中，可以多和狗狗说说话、爱抚它，加深彼此感情。排便结束后，别忘了用拾便器或小塑料袋清理干净。

狗狗洗澡及日常清洁

对于养狗狗的家长来说，特别是小狗，大多数家长都会选择在家给狗狗洗澡。请注意，小狗要在疫苗打齐全后至少1星期以上才可以洗澡。许多家长对于狗狗的洗澡存在几大常见误区：

× 狗狗身上脏了就应该洗澡

狗狗皮肤表面会有一层皮脂腺和汗腺，会分泌出油脂形成皮脂膜，皮脂膜正常的分泌是可以保护狗狗的皮肤的，如果洗澡洗得太频繁，将其油脂洗掉，狗狗的皮肤会变得很干燥，产生皮屑，毛色暗淡。

× 毛发打湿后更好梳理

建议在洗澡之前先将狗狗全身的毛刷拭一遍，打湿后纠缠的毛更加不好打理。比较顽固的毛结之类，可以用剪刀剪掉；身上的树叶、杂物之类先清理干净。

× 拿人的洗浴用品给狗洗澡

狗狗的皮肤比人的皮肤要薄很多，两者的 PH 值也不同，所以人用的洗浴产品是不能给狗狗用的，会对狗狗的皮肤造成伤害。

× 洗澡之后直接晒干

很多家长认为，洗澡之后让狗狗在风里吹或者在太阳下面晒毛就会干了，这样做一方面狗狗会因温差而感冒，另一方面有些狗狗的被毛非常厚，有些部位是很难干透的，长时间的潮湿很容易滋生细菌、寄生虫，容易引起狗狗各种皮肤问题。

关于日常清洁：

▲ 狗狗也要常剪指甲磨指甲，长时间不剪指甲会导致指甲里的血线越来越长，指甲越长越容易受伤。建议每个月送去宠物店让专业美容师处理。

▲ 狗狗的脚底毛要常剃哦，脚底毛太长狗狗容易滑倒摔跤。而且狗狗的汗腺在脚底，清理脚底毛有助于狗狗排汗。

▲ 狗狗的耳朵要保持清洁。狗狗的耳朵较深，容易潮湿，是螨虫、细菌最喜欢的地方。

▲ 为了保持家里的卫生情况，狗狗出门回家后，可以用湿毛巾或者洗脚桶为狗狗清洗脚底，或者为狗狗买出门穿的小鞋子，这样就不用担心家里会被踩脏咯。

▲ 对于一些长毛的狗狗，家长可以经常带把梳子出门，为狗狗梳梳毛发，有利于狗狗被毛的生长。

下雨天出门，狗狗难免会淋湿，踩在水塘里溅得自己一肚皮的脏水。回家后，要记得将脏了的地方清洗干净并用吹风机吹干，以免得皮肤病。

给狗狗鼓励的重要性

初来乍到的小狗对这个世界有些陌生，有些紧张，有一些狗狗喜欢吠叫，这有可能是它们缺乏自信心和安全感的表现。当狗狗缺乏自信心时，就会不敢尝试很多简单有趣的事情，这时候主人的鼓励和引导变得十分重要。我们的鼓励会给它自信心和安全感。

鼓励的方式：

陪狗狗玩耍

对狗狗来说，主人的陪伴是很重要的事情。和狗狗玩是主人与狗狗建立感情最好的方法，主人可以选择多种玩耍方法来逗狗狗开心，这样的奖励方式对它们来说比什么都重要。

陪它做喜欢的事

主人可以陪狗狗做些它喜欢的事情，像是散步或慢跑等。主人为了训练狗狗坐下，可以先叫它坐下，再让它去做它喜欢的事情，这个训练方法很适合需要培养自制力的狗狗。

鼓励和称赞它

对我们来说，赞赏和鼓励的话语，可能不是最好的奖励方式，但狗狗是听得出我们讲话的语气，看得懂我们的表情的，赞赏的话对它们来说是很受用的。主人可以多用称赞的方式逗狗狗开心。

抚摸狗狗舒服的部位

这个奖励方式的前提是，你知道狗狗喜欢被抚摸什么部位，以免抚摸错地方造成狗狗的不适。当它在旁边休息的时候，持续地抚摸会让狗狗觉得很舒服，心情也会变好。

行为学初识

读懂狗狗的叫声

狗狗不会说话，但是它们可以用多种类型的声音和主人进行沟通，如果你仔细倾听它们的叫声，就可以分辨出它们的情绪。

吠叫

吠叫是狗狗用得最多的一种沟通方式。这个时候它可能是在告诉你一些信息，也可能是在提醒或警告其他人。当陌生人或别的狗狗出现时，它们可能会通过吠叫来捍卫领土。吠叫也可能是它寻求关注，证明自己存在的方式，或者是一种对无聊、激动、惊吓、孤单、焦虑的自然反应。

哼唧或呜咽

一般狗狗在打招呼、表示遵从、情绪沮丧或受伤，或者求关注的时候，会发出呜咽的声音。当我们的狗宝宝发出呜咽的叫声时，主人们的母性会瞬间爆发。

咆哮

一般咆哮会在威胁、警告、防御、侵略或表现统治地位时使用。但是，在玩耍过程中也会出现，这属于正常现象，通常会伴随着摇尾巴和躬身子的行为，这是在恳求对方一起玩耍。如果狗狗在咆哮的同时伴随瞪眼或露齿，而且身体不动时，说明它带有侵略性，要尽量远离哦。

呼噜

当狗狗发出“呼噜呼噜”声时，说明它心情很愉悦，非常满足，一般会在狗狗们互相打招呼的时候听到。

嚎叫

嚎叫是狗或狼的远程通信手段，一般狼用得更多一些，而狗狗的嚎叫一般是对某种刺激的反应，例如汽笛声。

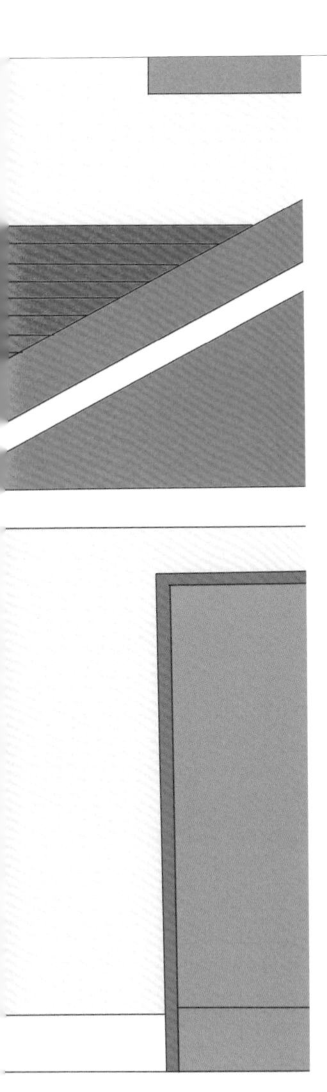

狗狗的地盘意识

狗狗的地盘意识非常强，最明显的表现为占地尿尿，表示“我在这里尿尿了，这里就是我的地盘”。狗狗心目中的地盘包括和主人一起生活的家，以及平时出去散步经过的地方。如果有它认为的入侵者到来的话，它就会发出威吓声意图击退对方。如果家里突然来了陌生人，狗狗通常都会咆哮。

当你出去遛狗时，经常走到一个地方就会听到狗叫，那你很有可能进入了别的狗狗的地盘。狗狗在自己的地盘时，具有攻击性。这种情况经常发生，狗狗是出于保卫地盘的心理，而强硬地威吓其他的狗狗。但是，狗狗一到自己的地盘范围之外就变得消极了。狗狗走到其他狗狗的地盘，如果遇到该地盘的主人，就会表现出服从的态度。

狗狗的好奇心

一般情况下，狗狗会在2~3个月大时被主人领回家，这正是狗狗好奇心最重的时候，狗狗的好奇心能促使狗狗智力的增长，这个时候是它们学习并掌握生活技巧的最好时机，是它们模仿能力最强的时候。此时主人最好亲自带狗狗去认识周围的环境，你可以让它们闻闻家里各个地方的味道，并告诉它这是什么那是什么，教它认识它的床、水碗等。即便狗狗当时不能听懂你在说什么，它们也会在以后与你的相处过程中，明白家中不同物品的用途，而这对狗狗的智力培养来说也是非常有益的。

但是一旦过了适应期，狗狗们便不会仅用听和闻来满足自己的好奇心，它们会尝试用行动为自己解开谜团。在这个阶段，主人要对狗狗“严防死守”，因为如果一些坏习惯在这个阶段养成，以后你可能要花更多的时间和精力才能帮它们改掉。如果你的狗狗模仿你的动作学会了开门，那将来隔三差五你就要出门寻找它了。

狗狗发情的表现

母狗发情时表现最为明显，阴门肿胀，潮红，流出红色黏液，也就是我们常说的来“大姨妈”了。有些爱干净的狗狗会将自己的血液舔干净，但是为了在狗狗散步时不脏污环境，我们建议可以给狗狗兜上生理带。

公狗的发情表现没有母狗那么明显，但是这时候它们的领地范围意识增强，在散步时会频繁地用尿在领地范围作标记；外出时如果遇到其他公狗，很容易主动挑事打架；对人、家具、树等进行频繁地骑跨行为。

动物不同于人类，它们的行为不受意识的控制，所以当它们发情的时候，它们满脑子就是找个异性交配，心神不定，这个时候它们很容易外出去寻觅另一半，大多数狗狗也因此而走丢。

随着年龄的增长，狗狗发情的次数越多越容易生出很多病症，未绝育的母狗狗到中老年期得子宫蓄脓的案例尤其多，未去势的公狗狗发生前列腺疾病以及睾丸肿瘤的病例也会随着年龄逐渐增加。

狗狗的社交

狗狗天性活泼好动，热爱探索未知事物，因此，它需要不断地社交。当狗狗互相闻对方的屁股时，主人不需要紧张，这是它们独特的社交方式。

它们通过这样的方式判断对方的性别、状态，是否可以和自己做朋友。臀部分泌物所发出的气味就像是一张名片，是狗狗们自我介绍的好办法。确认对方的眼神和区分对方臀部、面孔等部位的气味，狗狗们很快就会明白该怎么和对方相处，这种社交是狗狗一族的专属绝学呢！

狗在向它的朋友们（人或者其他狗）问好时，会有向后咧的微笑的嘴、安祥的眼神、向后倾的耳朵以及翻卷的舌头。打招呼以后，它会转过身将屁股靠在主人身上，这时它们希望它们的头能与人之间保持一定的距离，而且以这种方式站立能使主人轻抚它们的背。

如何表达你对狗狗的爱

狗狗对主人非常的亲昵，不论你是抱抱它还是亲亲它，它都会非常的开心。其中下巴是狗狗感到最为安全的地方，狗狗之间安抚对方时，最常做的就是蹭面，所以沿着下巴摸它，它会觉得你在安抚它哦。

狗狗刚出生时，狗妈妈都会用嘴舔舐宝宝的后背，轻轻抚摸它们的后背会让它感受到一种亲切的母爱。被抱起的狗狗会感到安全和温暖，就像刚出生的时候兄弟姐妹们抱在一起，所以狗狗都很喜欢抱抱。当狗狗把肚皮袒露给你时，说明它对你很信任，这时候摸摸它的肚皮，不知道它有多高兴呢！

摸狗狗的耳朵可以让它安静下来，它会陶醉在你的按摩中。

狗狗不像猫咪会有排斥主人的情况，通常狗狗都非常喜爱主人的抚摸和拥抱，所以尽情地拥抱和抚摸它吧，让它感受到你百分之百的爱意。

基础保健

关于疫苗

不论你是从哪儿带回来的狗狗，我们都需要提醒你，如果你不确定狗狗是否接种过疫苗，请带它去医院检查是否需要补打疫苗哦，并且国内规定狗狗必须每年打狂犬疫苗，并且办理免疫证明。

宠物为什么要打疫苗呢？

动物的母乳富含营养，能够帮助刚出生的宠物宝宝获得充分的抵抗力。然而，当宠物一天天长大，从母乳中获得的母源抗体也会随之减弱甚至消失。为了让宠物能够抵抗常见传染病的侵袭，就需要通过注射疫苗诱导病原特异性体液免疫与细胞免疫，帮助宠物获得对病原的抵抗力，降低或消除感染传染病的风险。

通常我们给狗狗进行免疫需要打两种疫苗——犬传染病疫苗和狂犬疫苗。

人畜共患病

所谓人畜共患病，就是指人和动物会共同感染或交叉感染的一些传染病和寄生虫病。比较熟知的有狂犬病、伪狂犬病、吸血虫病、弓形虫病、钩端螺旋体病、布鲁氏菌病、炭疽等。

这些传染病的传染方式有很多种：

① 通过唾液传播。如患狂犬病的狗，它们的唾液中含有大量的狂犬病病毒，当狗狗咬伤人时，病毒就随唾液进入人的体内，引发狂犬病。

② 通过尿液或粪便传播。粪便中含有各种病菌，这是众所周知的。结核病、布氏杆菌病、沙门氏菌病等的病原体，都可借动物粪便污染人的食品、饮水和用物而传播。大多数的寄生虫虫卵就存在粪内，而钩端螺旋体病的病原是经由尿液传播的。

③ 生病的狗狗在流鼻涕、打喷嚏和咳嗽时，常会带出病毒或病菌，并在空气中形成有传染性的飞沫，散播疾病。

④ 狗狗的全身被毛和皮肤垢屑里，往往含有各种病毒、病菌、疥螨、虱子等，它们有的就是某种疾病的病原体，有的则是疾病的传播媒介。

每一个养犬爱好者都应该提高警惕，切忌养成与爱犬过分亲昵，甚至同床共枕的习惯，并定期请兽医师给犬进行体检，一旦染病应及时处理，防止传染给人。

狗狗通常打的疫苗可以预防那些疾病呢？

小犬二联疫苗：主要用于预防犬瘟热和犬细小病毒。

犬四联疫苗：主要用于预防犬瘟热、犬细小病毒、犬传染性肝炎和犬副流感。

犬八联疫苗：主要用于预防犬瘟热、犬腺病毒 2 型引起的呼吸道病、犬副流感和犬细小病毒肠炎四联活疫苗，犬钩端螺旋体病（犬型、黄疸出血型）二价灭活，犬冠状病毒灭活疫苗。

犬钩端二价疫苗：主要用于预防犬型和黄疸出血型钩端螺旋体引起的钩端螺旋体病。

狂犬疫苗：主要用于预防感染狂犬病。

何时给狗狗进行免疫呢？

① 初生仔犬在 45 天时就应进行第一次注射，隔 2~4 周重复一次。第一次免疫由于母源抗体的原因建议使用犬二联，之后进行两次加强疫苗（加强疫苗可选其他联苗）。

② 对生后未吃到初乳的幼犬，可于 4 周龄开始注射灭活疫苗，同样隔 2~4 周注射 1 次，连注 2 次。

③ 成年犬每年定期注射 1 次弱毒

苗，外加每年追加注射 1 次狂犬病疫苗。

④ 在疫病高发地区，可在生后 3~4 周先注射 1 次高免血清，间隔 10 日再重复注射 1 次，然后再按上述方法免疫注射。

同时可根据看抗体水平结果，决定是否需要免疫。

注射疫苗期间应该注意些什么呢？

▲ 新来的宠物不建议立刻注射疫苗，应在家观察至少两周，如食欲及排泄正常，身体状况良好，经专业医师检查可注射疫苗。如发现在观察期间出现不适，应及时就医；在宠物身体不完全健康的情况下注射疫苗，容易使宠物患病并导致免疫失败。

▲ 免疫接种期间应经常对宠物的活动场所进行消毒。

▲ 免疫接种期间应避免饲养条件骤然改变，如更换食物或离开熟悉的饲养环境等。

▲ 免疫接种期间尽量不要为宠物洗浴。

▲ 免疫接种期间应避免宠物剧烈运动或长途运输宠物。

▲ 免疫接种期间尽量不让宠物进行户外活动，避免接触外界病原体。

▲ 注射疫苗后应在医院观察 20 分钟，在宠物没有出现不适症状后方可离开；如有异常，请及时联系医院。

▲ 免疫注射期间的宠物需要与其他未进行免疫的宠物进行隔离，以避免感染疾病。

关于驱虫

关于驱虫很多人会有疑问，我们家狗狗出门从来不去草地，也需要给它驱虫吗？我们家狗狗从来不跟其他狗狗接触也需要驱虫吗？

答案是“需要”。人避免不了与外界接触，衣服上或者鞋子都会携带一些细菌或寄生虫或虫卵。当你回家的时候，你的小宝贝会奋不顾身地跑到你身边，闻闻你身上的味道，闻闻你脚边的味道，确保你外面没有其他狗（这是开玩笑的哦~）。在它们闻你、蹭你或被你抱起的时候，细菌或寄生虫就会跑到它身上哦，所以不论如何都建议狗狗要定期驱虫哦。

得了寄生虫的宠物会有哪些影响呢？

寄生虫病是宠物日常生活中较为常见的一种疾病。在临床上一般分为体内和体外两类。宠物一旦发生寄生虫病，又没能及时治疗，轻则影响它们的生长发育、阻碍身体对营养的吸收，重则导致罹患各种疾病、危及它们的生命。如某些患有体外寄生虫病的狗狗会皮肤瘙痒、烦躁不安，严重的会发展成皮肤溃疡、贫血，甚至死亡。更为严重的是，多数寄生虫会感染人，严重影响家长的身体健康。因此，对于每一位家长来说，驱虫是万万不可忽视的一个环节。

狗狗常见的寄生虫有哪些？

狗狗常见体内寄生虫有蛔虫、绦虫、钩虫、球虫、滴虫、肺丝虫、心丝虫、弓形虫等。

蛔虫：蛔虫是狗狗常见的体内寄生虫。蛔虫可以通过粪便和胎盘传染。通常成年的蛔虫寄生在小肠内，但是也会移行到动物的其他器官。而且，蛔虫也可能感染人。

钩虫：钩虫是狗狗常见的体内寄生虫，可以通过哺乳、土壤，还有皮肤穿透感染。钩虫的幼虫发育为成虫后会定居在小肠内，导致狗狗严重失血。

心丝虫：心丝虫是狗狗非常危险的体内寄生虫。蚊子是心丝虫传染的媒介，通过叮咬会将心丝虫传染给健康的狗狗。成年的心丝虫会生活在右心室和肺动脉中。感染心丝虫通常症状不明显，只能观察到咳嗽的情况，但严重的心丝虫感染会导致狗狗的死亡，且心丝虫感染属于人宠共患病。

图片由：硕腾中国 提供

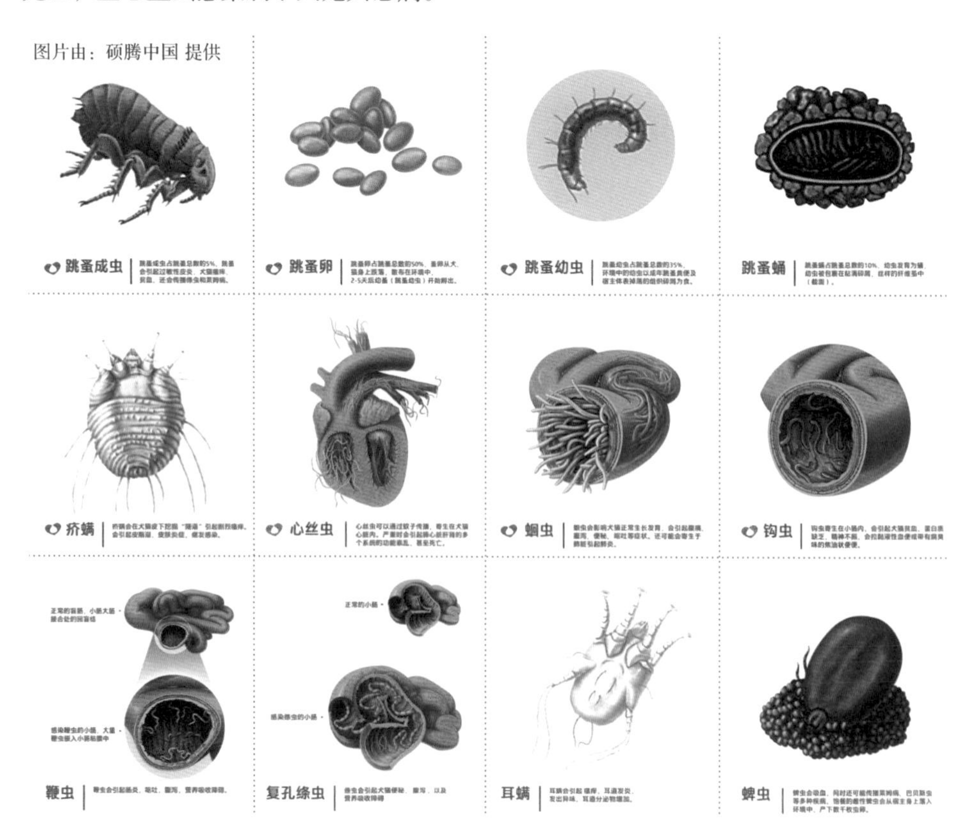

狗狗常见体外寄生虫有蜱虫、跳蚤、螨虫、虱子等。

跳蚤：跳蚤是常见的体外寄生虫，特别在春季和夏季。被跳蚤叮咬过的皮肤会发红、发肿，如果不驱除会导致皮炎，严重时出现脱毛、皮肤化脓，跳蚤属于人宠共患病。跳蚤有成虫—幼虫—蛹—卵四个生活阶段，而人类肉眼可见的只是跳蚤成虫和粪便，这仅仅占跳蚤总数的非常小一部分，而杀死跳蚤卵是控制跳蚤的关键。

耳螨：狗狗常见的体外寄生虫之一。如果感染，狗狗耳道内会有黑色蜡样分泌物，如不及时治疗，会损伤耳道，甚至耳道

疥螨：疥螨是很讨厌的体外寄生虫。疥螨会在狗狗皮肤下面“挖地道”，狗狗会很痒，而且会传染人。主人见到它们常常“挠痒痒，啃爪子”，就要考虑是否感染了疥螨。

何时为狗狗进行驱虫?

体内驱虫：可以按照不同驱虫药时间的说明进行操作或遵医嘱。

体外驱虫：现在市面上大多数的主流驱虫药，推荐用药频率一般都为一个月一次，具体遵循说明书或遵医嘱。

对于从市场上购买或领养的狗狗，一般建议到家稳定 7 天左右再做驱虫预防。

如何判断狗狗是否患有寄生虫病?

感染体外寄生虫的狗狗可能会出现的情况：

▲ 总是抓挠、搓蹭、舌舔或撕咬瘙痒部位。

▲ 耳部有褐色污垢、耳朵发臭。

感染体内寄生虫的狗狗可能会出现的情况：

▲ 吃得更多，但始终不会发胖。

▲ 食欲不振，消瘦，发育迟缓。

▲ 出现便秘或腹泻，呕吐，腹围增大等情况。

▲ 排出的粪便内有虫卵、成虫。

▲ 肛门周围有白色扁平节状物。

给狗狗驱虫应该注意什么？

▲ 刚开始养的狗狗应在第一时间去医院检查是否可以开始免疫驱虫。

▲ 由于狗狗在注射疫苗期间免疫抵抗力较差，且驱虫药对狗狗的刺激较大，因此，免疫与驱虫应当分开进行。

▲ 驱虫药的剂量应严格遵照医嘱，不可盲目增减剂量。

▲ 建议驱虫在医院进行。驱虫并非只是喂一颗药或者涂抹一下喷剂那么简单。一些寄生虫病在患病前期症状并不明显，而驱虫药的种类繁多，所以建议家长在专业医师的指导下进行操作。

关于体检

为什么要定期为狗狗做体检?

狗狗能吃能睡，每天活蹦乱跳的，为什么需要做体检呢？定期体检能够帮助家长及时了解狗狗的身体情况，发现问题并及时治疗，有效延长狗狗陪伴我们的时间，提高狗狗的生活质量。

▲ 狗狗与人不同，无法说出身体上的不适。而且与人相比，它们更耐痛一些，因此我们发现它们身体发生异常时，它们可能已经疼了很久了。

▲ 由于动物的天性，狗狗通常会隐藏疾病早期的不适，当家长发现狗狗出现异常情况时，往往已错过了疾病的最佳治疗时期。

▲ 对于老年狗来说，体检数据就是它们身体状况的警报器。心肺、内分泌、血糖水平、肝肾功能、关节情况等，都与狗狗的健康状况息息相关。

▲ 由于生活水平的提高，肥胖、高血压等人类的“富贵病”也愈发频繁地发生在狗狗身上，这种亚健康状态如果任其发展，最后也可能危及它们的生命。狗狗并不是越胖越可爱，过度肥胖的狗狗其危险程度堪比过度肥胖的人，因为它们的各项器官承受力更小，对身体的伤害更严重。

定期给狗狗进行体检，可以得知它们在一个阶段内的身体状况，有项目超标的话，也可以早控制早治疗哦。

狗狗多久需要进行一次体检?

▲ 狗狗从幼年期开始，建议每年进行一次体检。

▲ 患有慢性病的狗狗或老年犬（7岁及以上），建议每6个月进行一次体检。

各个体检项目都有哪些作用?

我们经常看到的体检项目有理学检查、血常规检查等，那么这些项目到底是要了解狗狗哪些问题呢？是不是每次体检都需要做这些项目呢？这些问题家长需要先简单地了解一下，但狗狗具体每年要做的体检项目，建议还是到院后与医生沟通后再做决定哦。

▲ 理学检查：主要是为了解狗狗身体基本状况。

▲ 血常规检查：了解狗狗是否有贫血、白细胞分类计数、血小板异常感染或凝血异常等。

▲ 粪便检查：了解狗狗是否感染寄生虫，感染何种寄生虫。

▲ 尿液检查：主要是及时判断狗狗泌尿系统是否有感染、结石，或者是身体有其他异常。

▲ 超声检查：用于判断狗狗的内脏是否存在异常，如肝硬化、肾结石、胆囊炎等。

▲ 血液生化检查：用以判断身体内脏器官是否功能异常。

▲ X线检查：狗狗做相应的胸部、腹部、关节、骨骼检查，可以早期发现狗狗行走姿势异常的原因，看是否存在某些特定品种的先天性缺陷或退行性疾病。

▲ 人畜共患病检查：主要用于检查狗狗是否携带弓形虫病毒、莱姆病、钩端螺旋体病寄生虫等病原体。

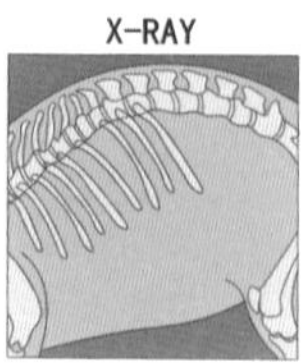

关于绝育

通常主人都会有这些烦恼：“天哪！绝育是不是太残忍了！”“绝育前是不是该给它体验一次做妈妈的感觉？”……

要不要给狗狗做绝育这个问题，一直有着极大的争议，那么到底做绝育对狗狗有什么影响？狗狗是否一定要做绝育呢？其实绝育与狗狗的健康息息相关。

绝育前，母狗的性成熟年龄，小型犬为出生后 7 ~ 10 个月，中、大型犬稍迟些，为出生后 8 ~ 12 个月。迎来第一次发情期之后，平均 6 个月便来一次。正常狗狗每年发情两次，大多数母狗在春季 3~5 月份发情 1 次，至秋季 9~11 月份可再次发情，但是不同的狗狗，不同的环境，发情时间会有所变化。

什么是绝育?

雄性绝育，是指睾丸摘除，又称去势。

给公狗做绝育，其实就是我们俗称的“把蛋蛋拿掉”，蛋蛋会变得空荡荡，慢慢周边会长出绒毛，于是可怜的宝宝从此再也看不见自己的蛋蛋了。公狗绝育手术不需要开腹，因此相对风险小一些。

雌性绝育，是指卵巢及子宫摘除。

母狗绝育比较复杂，是需要“打开肚子”的，这样才能把它的卵巢及子宫彻底摘除，但因为现在宠物医学的发展，母狗绝育手术的创口也变得越来越小，风险降低很多。

绝育有什么好处?

▲ 避免无限制繁殖后代

▲ 减少打架或喷尿的行为，特别是公狗

▲ 延长狗狗平均寿命

▲ 减少生殖系统疾病发生率及相关并发症

▲ 使狗狗性格变得温顺

▲ 降低狗狗“为爱走天涯”的概率

——绝育对雄性狗狗的好处：

▲ 可预防传染性性病、肿瘤、睾丸肿瘤、肛周腺瘤及会阴疝、前列腺增生、尿道感染等。

▲ 减少包皮内脓样分泌物，降低前列腺疾病的概率。

▲ 隐睾症属于遗传性疾病，早期绝育后可防止隐睾基因遗传和自身隐睾发生癌变。

——绝育对雌性狗狗的好处：

▲ 可降低乳房肿瘤、生殖道肿瘤、子宫内膜炎、子宫蓄脓和卵巢肿瘤或囊肿的发病率。

母犬的乳腺肿瘤发病率高达70%~90%。如果在首次发情前绝育，乳腺肿瘤发生率会降低;首次发情后绝育，乳腺肿瘤发病率上升7%左右；第二次发情后，发病率则高达25%左右！所以为了狗狗的健康，建议尽早绝育。

何时为狗狗做绝育最合适?

通常，我们建议小型犬在6~8月龄、中型犬8~10月龄、大型犬12~15月龄进行绝育手术，雌性犬在第一次发情期前进行绝育较为合适。即使狗狗错过最佳绝育年龄，只要医生确认狗狗身体状况允许，也可随时进行绝育手术。

需要注意的是，选择绝育时间应避开宠物的发情期，发情期血管丰富子宫脆弱，此时绝育风险较大。因此，在决定为宠物进行绝育时，主人应注意观察狗狗的发情状况。

术后住院是否有必要?

为什么有些医院建议做完绝育手术的狗狗住院呢？由于狗狗生性好动，喜欢蹦跳、站立，这些对伤口都会造成一些伤害。狗狗非常喜欢舔舐伤口，如果头套意外脱落，大多数狗狗都会舔舐伤口，这样会导致伤口裂开出血，而且一些家长可能会因为学习或工作，无法全天照顾到狗狗，因此为了避免意外，为解决忙碌或不善医疗照顾的家长们的困扰，一般宠物医院会提供专业的术后住院护理。每日有医师巡视，检查伤口恢复状况，专业的医护人员会按时给绝育的狗狗喂药，有效控制病情，进而缩短恢复时间。如果你无法全身心照顾狗狗的话，建议让狗狗住院一段时间。

术后在家照顾的注意事项

▲ 保持伤口干燥清洁，注意伤口有无出血情形。

▲ 请遵医嘱定期口服止痛药物、清理伤口和上药。

▲ 术后一周应避免剧烈运动，因为过多的运动会造成伤口裂开、液体堆积及肿胀。

▲ 若狗狗有舔咬伤口的倾向，无人看管时请戴上伊丽莎白颈圈。

▲ 术后7~10天可拆线（免拆线除外）或遵医嘱，拆完线后至少3~5天方可洗澡。

▲ 绝育后的狗狗有容易发胖的倾向，需做好饮食控制并增加运动量，定期体检，观察心脏、肝脏功能变化等潜在问题。

关于洁牙

对于狗狗的牙齿护理来说，不仅只有刷牙这样一项，需要根据不同的牙齿健康特点给它们洁牙。

狗狗为什么需要洁牙？

和人一样，狗狗也需要关注口腔保健并定期进行牙科检查。如果长期不为狗清洁牙齿，口腔中的细菌、皮屑、食物残渣等，便会积累形成牙菌斑，进而产生牙垢，并逐步演变成坚硬的牙结石。牙结石堆积不仅会压迫牙龈，导致牙龈肿胀出血、牙齿松动、牙龈萎缩等一系列口腔问题，更有可能导致狗狗罹患肾病、心脏疾病等。因此，日常口腔护理与洁牙非常关乎狗狗身体健康，家长一定不可忽视。

狗狗日常洁牙的方式有哪些？

▲ 食用洁牙零食：依靠充分咀嚼洁牙零食来去除口腔内的脏东西，主要是通过叶绿素、海藻等成分来减缓牙菌斑积累增长的速度。

▲ 使用狗狗专用牙膏刷牙：狗狗专用牙膏的有效成分为复合酶，能够分解口腔残渣，减慢牙菌斑增殖，而且牙膏中不含氟、碳酸钙等研磨剂，对狗是安全的。

▲ 超声波洗牙：主要是用震动的方式清除牙齿表面的牙结石。超声波洗牙必须由专业医生操作，避免因操作不当损伤牙釉质。

超声波洗牙能够除污去垢，促进牙龈血液循环，使口腔保持清爽，还可以通过内外按摩牙齿起到保健的作用，有效预防牙龈炎和牙周炎的发生。

牙科

狗病学初识

呕吐

狗狗的呕吐或轻或重，容易引起家长的恐慌，狗狗如果呕吐，分以下几种常见原因。

▲ 吃太饱

幼犬通常没有饱腹感，而且食欲特别好，你给它吃多少，它就吃多少。吃得太多会增加肠胃的负担，导致消化不良而引起呕吐的症状。

▲ 胃肠道阻塞

如果狗狗呕吐频繁，有食欲但是喝水都会造成呕吐，且呕吐出来的都是比较稀的水状物质，狗狗有可能误食了不容易消化的东西，比如塑料制品、毛发、杂物等，这些异物在进入狗狗食道后无法被吸收和消化，导致异物堵塞在肠胃里。频繁地呕吐很容易造成脱水，此时就需要及时就医，可将狗狗呕吐物的照片和情况记录下来与医生汇报。

▲ 生理性呕吐

如果狗狗把刚吃没多久的食物吐出来之后立马又吃回去了，并且吐完之后没有其他的异常反应，那么这种现象属于生理性呕吐，是一种正常的生理反应，并无大碍，主人大可不必担心。

▲ 吃错食物

有的狗狗肠胃功能本来就差，如果再误食一些变质的食物或者是巧克力，也会引起狗狗有呕吐的症状。此时及时观察情况，需要及时就医。

▲ 胃炎

如果狗狗自身就患有肠胃疾病，时间久了就会引发胃炎，胃炎会导致狗狗整个肠胃的消化功能出现问题，伴有消化不良、食欲不振、恶心呕吐等症状，这种情况跟医生进行交流，需要控制平时的食物和饮食习惯，遵医嘱服用药物。

▲ 肾脏问题

如果狗狗其肾功的排泄功能不健全，患有肾结石、肾炎等疾病，也会呕吐，此时需要定期监测肾脏指标的控制，和医生保持联系。

▲ 胰腺炎

胰腺炎主要是胰腺因胰蛋白酶的自身消化作用而引起的疾病，非常容易引起肠胃不适导致呕吐现象。胰腺炎有急性和慢性两种，如果发现需要积极治疗，否则可能会影响到狗狗生命。

食欲不振

导致狗狗食欲不振的原因可能会有很多种，主要有以下几种常见情况：

▲ 换粮的问题。如果你最近恰好给狗狗换了粮食，它开始食欲不振，但是当你抖动零食袋，依然可以引起它的兴趣，那说明它只是不喜欢这款粮食，你可以考虑换一种口味的粮食哦。

▲ 肠胃消化问题。如果你没有换过食物，而狗狗只是单纯地不想吃东西，有可能是你的狗狗肠胃消化不好，需要慢慢通过一些益生菌去调理，也需要再调整狗狗的饮食结构，吃一些更适合它的食物。

▲ 体内寄生虫。一般狗狗需要每月进行体内外驱虫，对于非常喜欢外出，喜欢东闻闻西闻闻、这舔舔那舔舔的狗狗来说，非常容易把细菌或虫子吃到肚子里。狗狗体内有寄生虫，也是导致它们食欲不振、消瘦，拉肚子或者呕吐的原因之一，所以给狗狗定期驱虫非常重要哦。

无论是什么原因引起的狗狗食欲不振，甚至精神萎靡，如果情况严重，自己无法找到原因，还是建议将狗狗带到医院，请医生做全面的检查，狗狗行为上的变化都有可能是疾病的前兆。

大便异常

作为一个认真负责的铲屎官，学会辨别狗狗的便便是我们的基本素养。观察狗狗的“便便秀”，并不是一种奇怪的癖好，这是一个可以了解狗狗健康状况的很好的渠道。作为新手爸妈，我们将从以下几个角度教大家分析狗狗的便便，如果发现异常请立即就医，并带上1小时以内的便便样本。

黏稠度 正常情况下的便便是条形的，稍软，会粘在地上，不容易清洁干净。随着含水量增多会越来越黏，会出现软便、稀便、水样便。当水分含量超过九成，便便就会呈水状，这可能与肠道炎症（细菌、病毒、寄生虫感染，肠道异物，胰腺炎，肝脏疾病等内科疾病）以及消化不良有关 。如果便便过硬，容易裂开，就要注意小家伙是否有便秘的情况啦。

形状 正常时应为“香蕉便”，有光泽。如果变粗，呈球状，就说明便便在大肠内停留太久，水分被过度吸收，可能是便秘哦；如果不成形，稀软，水状喷射样，很可能就是肠道发炎或是消化不良哦。

颜色 健康便便的颜色在新鲜时应该是黄色或者褐色。如果出现均匀的暗红或者黑色，可能是因为上消化道出血，食糜和血液充分混匀后经大肠消化后排出，最终成为暗红和黑色；如果带有鲜艳的红色，可能是下消化道疾病引起，比如结肠远端或直肠的出血；墨绿色，表示食物没有完全消化；灰白色，如果是稀软便则通常表示肝功能异常，如果是干结的大便通常和吃了过多骨头有关。

气味 出现腥臭味，可能是严重的肠道感染，此时可能伴有出血；如果是浓重的臭味，很可能是进食量过大，消化不良，小家伙吃肉太多，蛋白质的摄入过高所致。

寄生虫 如果狗狗十分消瘦，有时食欲良好有时出现呕吐食欲不良，家长就要注意粪便中是否有寄生虫啦。一般在粪便中最常见到的是绦虫、蛔虫。

皮肤疾病

主人都希望狗狗的毛发光泽漂亮，然而厚厚的毛发很容易掩盖它们的皮肤病。如果主人从外观上发现狗狗的皮肤病，那就说明已经有点严重咯。平常在给狗狗洗澡吹干的时候，要格外注意它们的皮肤，有些皮肤病会与人互相传染。一般狗狗常见的皮肤病有以下几种：

寄生虫性皮肤病

寄生虫性皮肤病主要是以疥螨、蠕形螨、跳蚤、虱子等寄生虫引起的皮肤病。

疥螨虫引起的皮肤病：传染性极强，虫体主要寄生于耳尖外侧、耳根、脚趾、眼和口周围等皮薄毛稀的部位，严重时可扩散全身。得疥螨的狗狗需要避开阴潮或可以接触到各种刺激的环境，不然会加重病情。

病变部位表现为脱毛、结痂、皮肤发红或有脓性疱疹、表皮增厚而皱褶，多发于猎犬、小型狮子犬。

痒螨引起的皮肤病：主要寄生于耳道内，经接触传染，临床上可见耳道发炎充血，继之脱毛并形成许多皱褶，内有多量褐色或灰白色分泌物，并有腥味。当狗狗一直挠耳朵的时候，主人就要注意咯，如果分泌物过多，还请到医院去检查，因为狗狗耳朵内可能还会有细菌、真菌。

蠕形螨引起的皮肤病：一般蠕形螨是由狗狗的免疫力下降引起的。刚开始狗狗的皮肤可能是轻度瘙痒，颜面两侧皮肤潮红、充血，继而发生脱毛，并向颈部、胸腹下推移，出现红斑及糠皮状鳞屑。蠕形螨带有遗传性质，多发于德国牧羊犬、腊肠犬、北京犬、杜伯文犬、斗牛犬，同窝犬的发病率达 80% ~ 90%。

蚤、虱引起的皮肤病：当狗狗被跳蚤、虱子咬了以后会感觉到皮肤瘙痒，坐立不安，不断抓痒。严重时犬全身脱毛，体弱贫血。

真菌性皮肤病

真菌性皮肤病由真菌感染引起，病原以犬小孢霉最为多见，其次是石膏样小孢霉，是狗狗最常见的皮肤病。

得了真菌性皮肤病的狗狗会非常痒，皮肤表面会有红色丘疹、斑疹，脱毛区皮肤表面形成小的类圆形油性厚痂，出现皮屑。当狗狗开始掉毛的时候，主人要及时带它治疗，不然会引起全身脱毛，好看的皮囊要被剥夺了哦。真菌性皮肤病常见发生在耳、颜面及头颈部也可扩散到全身。本病常与疥螨、蠕形螨形成混合感染。

细菌性皮肤病

细菌性皮肤病主要是由葡萄球菌等化脓性细菌感染引起的皮肤感染，也叫脓皮症。一般会发生在狗狗的皮肤或脚趾间。脓皮症发病部位不确定，以丘疹、脓疱疹、毛囊炎、皮肤皲裂及轻度瘙痒为特征；趾间脓皮症见于犬单肢或四肢的趾间，发生脓疱，形成瘘道。本病多发于德国牧羊犬、罗威纳犬、大丹犬。

变态反应性皮肤病

过敏、荨麻疹、湿疹、柯利鼻都是变态反应性皮肤病。狗狗得变态反应性皮肤病的原因就非常复杂了，可能是因为食物，也可能是因为环境或过敏等等，相对来说是确诊比较困难的一种皮肤病。

任何一种因素引起的皮肤病，都需要及时治疗。而且皮肤病一般好起来特别慢，需要主人的耐心和细心，每天坚持不懈地为狗狗们上药，它们浓密光泽的毛发才会再次出现哦。

如果想让你的狗狗成为人前亮眼的焦点，应该由内而外调理，光依靠美容护理远远不够。想要狗狗健肤亮毛的主人，不妨在饮食上选择含滋润、亮泽被毛效果的深海鱼油配方。

心跳、体温、呼吸次数初步判断健康与否

狗的正常生理指标

体温范围：38℃ ~39.5℃
（幼犬体温略高于成年犬）
呼吸次数：20~30 次 / 分
心跳：120~140 次 / 分
（幼犬：100~200 次 / 分钟）
最适环境温度：15℃ ~25℃
最适环境湿度： 45%~55%

如何测量狗狗的体温？

体温计顶端涂些凡士林或蘸点水，将体温计插入屁屁 25 毫米，测量时间为 3~5 分钟，读出体温后擦拭体温计，并用中性杀菌剂消毒。

在家里，可以使用这种方法：把温度计夹在狗的后腿和腹部之间，夹紧，5 分钟后读数即可，皮肤温度会比直肠温度低 0.5℃左右。

如何测量狗狗的脉搏？

测量狗狗脉搏最佳的部位是位于股内侧的股动脉。将右手的食指和中指的指尖放在狗狗的大腿内侧，找到脉搏明显的部位，然后测量脉搏。犬的脉搏因品种而异，小型犬的脉搏较快，每分钟 90~120 次；大型犬的脉搏较慢，每分钟只有 60~90 次。

怎么看狗狗的呼吸次数？

狗狗呼吸时肚子会起伏，我们一般需要观察狗狗在休息平静时的肚子起伏次数，正常为 20~30 次 / 分。

如果不是在应激状态下，当我们发现狗狗的各项指标都偏离正常值的话，需要尽快带它去宠物医院就诊。

家里的药箱可以与狗狗共用吗？

当狗狗发生一些小情况时，我们会尝试自己去帮助治疗，“人类用的药只需要减量就可以给狗狗用了嘛”。其实这样的行为是非常危险的，因为有些人用药的成分对狗狗是“毒药”。

感冒药

▲ 大部分感冒药成分都含有对乙酰氨基酚

▲ 狗狗对对乙酰氨基酚安全范围窄，容易发生药物剂量过大而中毒，不及时解毒会威胁生命

▲ 剂量太大，对肝脏损伤

▲ 辅助成分对犬有毒性

退烧药

▲ 美林（布洛芬）副作用大

▲ 氨基比林副作用大

▲ 强烈不建议主人自行给狗狗使用退烧药

什么情况需要就医？

狗狗非常耐疼，忍耐力非常强，很多时候它们很会隐藏自己的疾病，所以除了每年的体检，我们还要观察狗狗有哪些异常的地方，及时就医。

呼吸急促，心跳加快：如果狗狗的呼吸频率变得非常快，说明此时它的情况已经很严重了，不要再犹豫了，赶紧去医院吧。

尿不出，有血尿：如果狗狗尿不出，甚至尿出血来的时候，已经是很严重的泌尿疾病了，甚至狗狗会有生病危险，需要带去医院。

饮食不正常，低声发出叫声：平时的小馋狗已经对吃的没有兴趣了，就算拿了它爱吃的罐头，它都是爱理不理，或者突然暴饮暴食，那么你的狗狗此时非常难受哦，赶紧去医院看看有什么问题吧。

走路姿势有变化：如果四肢或者腰背的肌肉、骨骼、关节发生异常，那狗狗们的走路姿势就会发生变化，如瘸脚、三角跃，不肯走路或者走路的时候伴随着痛苦的呻吟或嚎叫，那就说明你的狗狗需要去医院看医生咯。

长时间拉稀或呕吐：虽然更换粮食、掉毛、季节变化等原因都会引起狗狗生理上的一些变化，如拉软便、呕吐，但如果情况持续不断，且一天内多次发生，问题就没有那么简单了，需要及时就医。

大声不耐烦地连续叫：狗狗无法诉说自己的痛苦，但是它们非常耐痛，所以当它们用嚎叫向你传达疼痛、难受的信息时，你就要格外警惕，紧急就医。

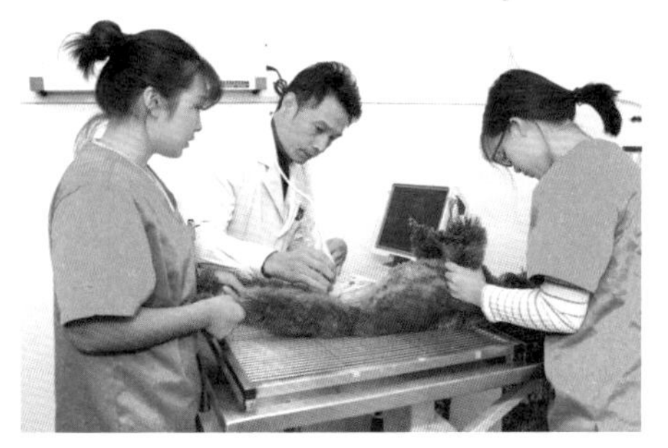

如何与宠物医生沟通?

宠物不会说话，看病时，主人就是它们的代言人了。那么我们应该传递一些什么信息给医生，才能让医生更了解病情，做出正确诊断呢?

▲ 可以用手机记录下狗狗的呕吐物或者便便的样子，给医生判断是哪种情况。

▲ 记录下狗狗上一次疫苗和驱虫的时间。

▲ 告诉医生狗狗的饮食习惯和饮水习惯。

编委名单

统筹

安安宠医·市场总监&运营总监 顾颖

安安宠医·市场部 汪源

安安宠医·市场部 龚天一

特别顾问

安安宠医·医疗技术委员会首席专家 侯加法

国内著名小动物外科学专家

南京农业大学教授、博士研究生导师

中国畜牧兽医学会常务理事

中国畜牧兽医学会兽医外科学分会理事长

亚洲兽医外科学会副理事长

农业部第四届、第五届兽药评审专家

国家留学回国人员启动基金评审专家

农业部执业兽医资格考试命题专家

特别顾问

安安宠医·医疗技术委员会委员／上海岛戈宠物医院院长 徐国兴

现任上海市宠物业行业协会副会长

中国兽医协会宠物诊疗分会常务理事

现任《宠物兽医》在内的多家杂志主编

特别顾问

安安宠医·医疗技术委员会委员／杭州派希德宠物医院院长 裴增杨

中国农业大学临床兽医学博士

浙江大学兽医外科学硕士生导师

特别顾问

安安宠医·医疗技术委员会委员／上海易谦宠物诊所院长 蔡亮

第二届中国兽医协会宠物诊疗分会理事

2015年度全国百佳兽医师

安安宠医

上海鹏峰宠物医院院长 苏恒斌

上海鹏峰宠物医院猫诊所院长 李叶

上海御宠佳园分院 / 上海国文分院 院长 王赟伟

上海翌景宠物诊所院长 张英

上海心安宠物诊所院长 王琦

上海心安宠物诊所医生 张睿涵

苏州姑苏区总院长 卢学青

安迪宠物医院院长 李洪波

安迪宠物医院医生 陈淑明

安迪宠物医院医生 潘文杰

安迪宠物医院高级医助 林思婷

安迪宠物医院高级医助 钟文彬

特邀资深宠主 刘步猫（刘步雄）

特邀中级兽医师 夏思敏

特别支持（按姓氏笔画排序）

郭启忠 姜忠华 赖孔继 李开江 李文 刘梅 罗兆益

孟月盛 潘星星 钱小亮 屈小平 沈建华 孙传国

文海桃 吴天顺 叶德平 俞士军 袁焕新 张月涛

郑燊 郑志农 钟泽 周增平 朱虎 朱卫华

因为严谨 ❤ 所以安心

查看可参与门店